8° S
10848

ÉTUDE

SUR LA

FORME PRIMITIVE DES CORPS CRISTALLISÉS

ET

SUR LA SYMÉTRIE APPARENTE

PAR

Fred. WALLERANT.

(Extrait du *Bulletin de la Société française de Minéralogie*, livraison de Mars 1901.)

TOURS

IMPRIMERIE DESLIS FRÈRES

6, RUE GAMBETTA, 6

1901

ÉTUDE

SUR LA

FORME PRIMITIVE DES CORPS CRISTALLISÉS

ET

SUR LA SYMÉTRIE APPARENTE

PAR

Fred. WALLERANT.

(Extrait du *Bulletin de la Société française de Minéralogie*,
livraison de Mars 1901.)

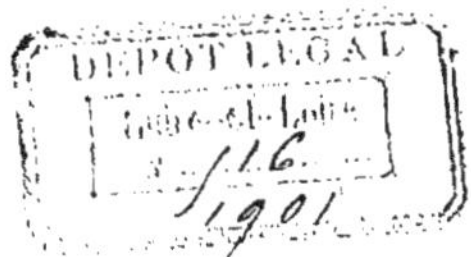

TOURS

IMPRIMERIE DESLIS FRÈRES

6, RUE GAMBETTA, 6

1901

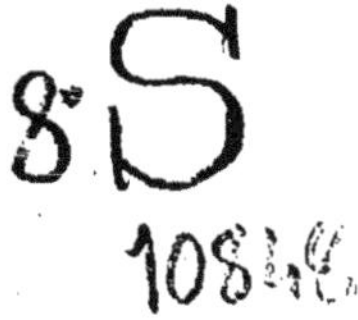

Étude sur la forme primitive des corps cristallisés et sur la symétrie apparente.

Par Fred. WALLERANT.

HISTORIQUE.

Lorsque, au commencement du siècle, Haüy publia sa théorie des formes primitives, qui, avec la loi de symétrie et la loi des indices rationnels, devait servir de base à la cristallographie, elle ne reçut pas des minéralogistes contemporains l'accueil qu'il était en droit d'en attendre. Les résultats furent très discutés, principalement par les auteurs allemands qui les rejetèrent en entier, ou ne les admirent que partiellement. On discuta surtout sur le nombre des formes primitives, autrement dit sur le nombre des systèmes cristallins qu'il fallait admettre, et l'on peut dire que chaque minéralogiste arriva à ce sujet à des conclusions différentes. Cette indécision dans le nombre des systèmes cristallins devait naturellement amener certains minéralogistes à se demander s'il existait une différence absolue entre les différents systèmes et s'il n'était pas possible de déduire toutes les formes cristallines d'une même forme primitive. Haussmann et Breithaupt se posèrent simultanément cette question, le premier dans son *Handbuch der Mineralogie*, 1828, le second dans un article publié dans le tome XX du *Jahrbuch der Chemie und der Physik*, 1827 (1). Tous deux montrèrent comment, d'après eux, on pouvait déduire toutes les formes cristallines du rhombododécaèdre ; mais Breithaupt seul développa son idée sous le nom de *théorie des progressions*, dans un second article du tome XXIV du même journal, en 1828. La seule raison qu'il donne pour appuyer son opinion, raison d'un grand poids, d'ailleurs, c'est que des minéraux appartenant à des systèmes différents, comme le mica et le fer oxydulé, la scheelite et la fluorine, etc., s'associent de façon à présenter une orientation relative, parfaitement déterminée ; ce qui ne peut s'expliquer que par l'existence de rapports étroits dans leurs propriétés cristallographiques.

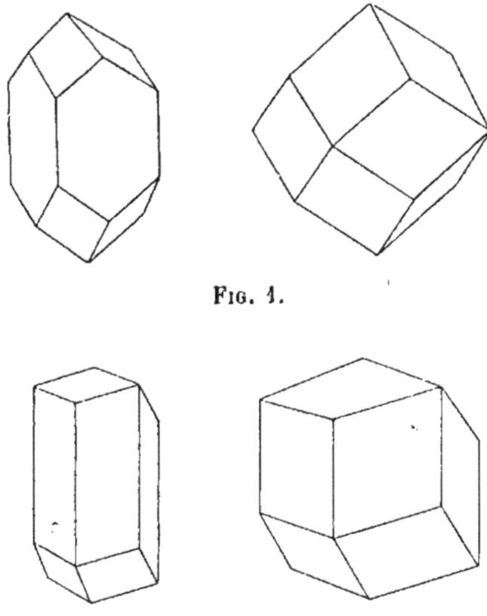

Fig. 1.

Fig. 2.

Sa théorie repose sur les remarques suivantes : un rhombododécaèdre peut être considéré comme résultant de la superposition de plusieurs formes. On peut le considérer comme

(1) Je dois ce renseignement à l'obligeance de M. Termier.

résultant de la superposition d'un octaèdre et d'un prisme quadratique (*fig.* 1) ou bien d'un rhomboèdre de 120° et d'un prisme hexagonal (*fig.* 2); et ces formes peuvent être à leur tour considérées comme résultant de formes plus simples. Dans un cristal cubique, ces formes coexistent; dans les autres systèmes, elles se produisent indépendamment les unes des autres.

Mais les formes déduites du rhombododécaèdre ont des angles parfaitement déterminés, comment peut-on, par la méthode des troncatures, en faire découler les formes d'angles si variés, observées dans les cristaux : comment peut-on, par exemple, en partant du rhomboèdre de 120°, obtenir le rhomboèdre de 105° 5' de la calcite ? Pour répondre à cette nécessité, Breithaupt rejette la loi ou plutôt la règle de la simplicité des indices, et montre qu'au moyen d'une troncature ayant pour indices $\frac{1003}{720}$, on peut déduire le rhomboèdre de 105° 5' de celui de 120°.

Il donne, en effet, à tous ses rapports le dénominateur commun de 720, parce que, dit-il, les nombres 1, 2, 3, 4, 5, 6 étant ceux que l'on obtient le plus souvent pour indices des faces, l'axe du rhombododécaèdre est probablement divisé par les éléments constituants en un nombre de parties, égale à $1 \times 2 \times 3 \times 4 \times 5 \times 6 = 720$.

Une troncature intercepte sur l'axe un nombre entier de ces parties, ce qui entraine la rationnalité des indices. Mais il est bien évident que si ces indices peuvent être des nombres aussi élevés que 720, on n'a plus aucune raison pour admettre qu'ils sont rationnels.

La théorie de Breithaupt est passée complètement inaperçue, car il n'en est fait aucune mention dans les ouvrages de minéralogie, et c'est seulement en 1884 que la question fut reprise par Mallard, dans le plus remarquable peut-être de

— 6 —

ces mémoires, intitulé : *Sur la quasi-identité vraisemblable de l'arrangement moléculaire dans toutes les substances cristallisées*, et inséré dans le tome VII du *Bulletin de la Société minéralogique de France*.

Partant de ce fait, admis depuis longtemps par les physiciens, que tous les cristaux sont sensiblement isotropes, c'est-à-dire diffèrent fort peu, au point de vue physique, d'un cristal cubique, Mallard s'est proposé de montrer que les paramètres de tous les corps cristallisés différaient peu des paramètres d'un cristal cubique.

La mesure des angles d'un cristal ne nous donne pas, en effet, les paramètres eux-mêmes, mais des multiples ou sous-multiples de ces paramètres ; Mallard a donc établi que, en multipliant les paramètres d'un cristal par des coefficients compris parmi les rapports des quatre nombres 1, 2, 3, 4, on reproduisait sensiblement les paramètres d'un cristal cubique.

Malheureusement, quoique le principe fût certainement exact, la méthode n'était pas démonstrative : il ne faut pas oublier que les paramètres des cristaux sont des nombres du même ordre de grandeur, compris à peu près entre 0,3 et 3, et que, par suite, si l'on a à sa disposition un nombre de coefficients aussi grand que ceux compris dans la suite des rapports des quatre nombres 1, 2, 3, 4, on peut toujours faire en sorte qu'un paramètre d'un cristal devienne sensiblement égal à un paramètre d'un autre cristal. Le plus souvent on peut, par cette méthode, assimiler de plusieurs façons les paramètres d'un cristal à ceux d'un cube.

Considérons, par exemple, l'Aragonite ; ses paramètres sont :

$$0,622444 : 1 : 0,72056$$

ou en prenant le premier paramètre pour unité, on obtient :

$$1,6066 : 1 : 1,1576,$$

se rapprochant beaucoup respectivement de :

$$\frac{\sqrt{6}}{\sqrt{2}} : 1 : \frac{\sqrt{3}}{\sqrt{2}}.$$

Mais si, d'autre part, on prend le dernier paramètre pour unité après avoir multiplié le premier par 2, on obtient :

$$1,72764 : 1 : 1,388,$$

qui ne diffèrent pas plus des paramètres cubiques que les premiers nombres donnés. Cependant, d'après tous les caractères de l'Aragonite, c'est la première solution qui est la bonne. Comme on le voit, la méthode de Mallard a l'inconvénient de fournir plusieurs solutions sans permettre de distinguer les solutions étrangères.

Mais, si Mallard manquait d'un critérium qui lui eût permis d'éviter quelques erreurs, son principe n'en est pas moins exact, et l'on doit considérer les paramètres des cristaux comme ne différant que peu de ceux d'un cristal cubique. Il semblerait donc que la question soit épuisée, que les réseaux de tous les corps cristallins soient sensiblement cubiques et qu'il suffise de multiplier les paramètres déduits de la valeur des angles par certains coefficients tirés de la série des rapports des quatre nombres 1, 2, 3, 4, pour obtenir les véritables paramètres. Mais l'adoption pure et simple de ce résultat fait naître immédiatement une objection que Mallard a bien mis en évidence : « Mais, dit-il, la cristallographie a jusqu'ici fait rejeter une conclusion aussi naturelle. Il est, en effet, impossible d'expliquer les phénomènes cristallographiques de la Calcite, par exemple, sans admettre que la maille du réseau formé intérieurement par les points jouissant de propriétés identiques est un rhomboèdre dont l'axe ternaire a pour paramètre 0,854. La nature des formes simples principales, l'orientation des clivages ne laissent sur ce point aucun doute.

Il paraît donc y avoir une réelle et sérieuse antinomie entre les phénomènes physiques et les phénomènes cristallographiques. »

Pour faire disparaître cette antinomie, Mallard propose l'hypothèse suivante : Il suppose que toutes les molécules ne sont pas parallèles, mais orientées symétriquement par rapport aux éléments de l'édifice ; il fait appel, comme on le voit, à la théorie de Sohncke. Les centres de gravité de toutes ces molécules seraient sur un même réseau cubique ou sensiblement cubique, qui serait le réseau physique; mais les centres de gravité des molécules parallèlement orientées, c'est-à-dire les points homologues, seraient sur un autre réseau, le réseau cristallographique, dont les paramètres seraient égaux à ceux du précédent, multipliés par certains rapports des quatre nombres 1, 2, 3, 4. Et, pour bien faire comprendre son idée, Mallard indique, comme exemple, la structure possible d'un édifice ternaire, comprenant trois molécules orientées à 120° l'une de l'autre.

Malheureusement cette explication est en contradiction avec certains faits qui servent de base aux arguments les plus frappants en faveur de la théorie de la quasi-cubicité de tous les cristaux. Mallard fait remarquer, avec raison, que certains corps cristallisant en rhomboèdres voisins de 107° sont dimorphes, la seconde forme étant cubique. Le passage de la forme rhomboédrique à la forme cubique s'effectue sans intervention d'agent extérieur, sans que le cristal perde sa limpidité, sans cassure. Il faut donc que le réseau soit sensiblement le même dans les deux formes. Or, dans l'explication donnée par Mallard, le passage de la forme rhomboédrique à la forme cubique ne peut se faire que par l'orientation parallèle des molécules différemment orientées, de façon que le réseau cristallographique se confonde avec le réseau physique. Mais cette condition n'est pas suffisante, il faut encore que les molécules possèdent les éléments de symétrie du cube et en particulier un axe ternaire parallèle à celui du réseau rhomboédrique ; par conséquent les molécules que Mallard a d'abord supposées orientées à 120°, sont, en réalité, parallèles.

Il est d'ailleurs à remarquer que cette explication est en contradiction avec la théorie du polymorphisme du même auteur. Il faudrait admettre, en effet, que c'est la forme la moins symétrique qui résulte de groupements de la forme la plus symétrique. Cette conséquence a certainement dû échapper à Mallard : elle lui aurait fait rejeter son explication qu'il est facile de remplacer, comme on le verra plus loin.

Tel était l'état de la question lorsque je fus amené à la reprendre par mes recherches sur les groupements cristallins. La théorie que j'ai donnée de ceux-ci permet, en effet, d'homologuer sans ambiguité les rangées d'un cristal avec celles d'un cristal cubique, et l'on évite ainsi les erreurs indiquées plus haut dans le calcul des paramètres. On peut donc déterminer avec certitude la forme primitive des cristaux et faire disparaître l'arbitraire dans le calcul des paramètres. La plus haute fantaisie règne dans ces déterminations, et c'est à plaisir que les minéralogistes compliquent leurs résultats, dans le but, croirait-on, de leur enlever tout caractère de généralité. Ainsi, par exemple, dans les ouvrages de minéralogie descriptive, on adopte pour les amphiboles monocliniques l'orientation proposée par Tschermak pour permettre la comparaison des propriétés des pyroxènes et des amphiboles, et, comme fatigué par ce premier effort, on prend pour paramètres de l'amphibole les nombres :

$$0{,}55097 : 1 : 0{,}293701,$$

et pour les pyroxènes les nombres :

$$1,09475 : 1 : 0,5919.$$

Il est bien évident que, si les premiers chiffres sont exacts, les seconds sont erronés ou inversement ; on doit donc multiplier les premiers par 2, ou diviser les seconds par le même facteur.

Un des grands avantages, en effet, de l'homologation des éléments des cristaux avec ceux d'un cristal cubique est de permettre des rapprochements, qui échappent complètement avec les procédés de description actuellement employés. Qui penserait, par exemple, à établir un rapprochement, au point de vue cristallographique, entre la Staurotide et le Disthène. Le premier de ces minéraux est donné comme orthorhombique avec paramètres égaux à $0,4734 : 1 : 0,6828$, et le second comme triclinique avec une forme primitive déterminée par les nombres : $0,89938 : 1 : 0,70896$; $\alpha = 90° 5'$, $\beta = 101° 2'$, $\gamma = 105° 44'$. Cependant leurs formes primitives sont presque identiques, ce qui explique pourquoi ces minéraux s'associent dans la nature en adoptant une orientation parfaitement déterminée.

Ce travail comprend deux parties : la première sera consacrée aux considérations d'ordre physique, la seconde en comprendra les applications aux minéraux naturels. J'avais espéré tout d'abord faire rentrer dans mon travail l'étude des cristaux que l'on doit à la chimie et pouvoir, dans ce but, me servir de l'ouvrage dont M. Groth prépare la publication ; mais il m'a fallu abandonner ce projet, ce traité de cristallographie chimique ne devant paraître que dans trois ou quatre ans.

DE LA MAILLE. — DE LA FORME PRIMITIVE.

Symétrie cubique de la particule complexe. — J'ai montré, dans un travail récent (1), que les cristaux devaient se grouper symétriquement par rapport aux éléments de symétrie limites de leur particule complexe. C'est un fait facile à comprendre, si l'on a présente à l'esprit la définition de ces éléments, que l'on confond trop souvent avec des éléments approchés. L'élément limite d'un polyèdre est défini par cette propriété que le volume commun à ce polyèdre et à son symétrique par rapport à cet élément est un maximum, c'est-à-dire plus grand que pour tout autre élément voisin ; un plan est un plan de symétrie limite, quand le volume commun au polyèdre et à son symétrique, par rapport à ce plan, est plus grand que pour tout autre plan voisin. Très souvent l'élément limite est en même temps un élément approché, c'est-à-dire qu'il y a presque coïncidence entre le polyèdre et son symétrique ; mais c'est là une condition qui n'est ni suffisante, ni nécessaire et, comme on le verra, elle peut n'être nullement réalisée.

Quoi qu'il en soit, il est bien évident, d'après cette définition, que l'orientation symétrique de la particule complexe par rapport à un de ces éléments, correspond, dans la cristallisation, à un maximum relatif de stabilité, l'orientation parallèle correspondant à un maximum absolu. Cette orientation symétrique est donc celle que la particule complexe doit choisir de préférence, quand, par suite de cause extérieure, elle ne peut s'orienter parallèlement aux autres. En un mot, les éléments de symétrie de la particule complexe se retrouvent dans le corps cristallisé, et ses éléments

(1) *Groupements cristallins.* Collection Scientia.

limites dans les groupements de cristaux. On voit quel intérêt préside à l'étude de ces groupements ; elle complète les renseignements que nous fournissent les formes cristallines et les propriétés optiques. Seule elle nous permet de faire des comparaisons rationnelles entre des cristaux appartenant par leur symétrie à des systèmes différents : un groupement de quatre ou huit cristaux autour d'une rangée établit d'une façon indiscutable que cette rangée est comparable à un axe quaternaire, sans avoir à redouter l'indécision résultant de l'emploi des coefficients arbitraires, comme dans la méthode de Mallard.

Mais il ne faut pas oublier, comme on le fait trop souvent, que les cristaux peuvent s'associer d'une façon quelconque : ils peuvent se pénétrer, s'accoler suivant un plan, réticulaire ou non, sans qu'il y ait groupement, au sens scientifique du mot. Ce dernier est caractérisé par ce fait qu'il correspond à un maximum de stabilité et doit, par suite, se reproduire assez fréquemment ; ce qui n'a pas lieu pour les groupements accidentels, trop souvent cités comme macles.

Une étude trop superficielle a également occasionné des erreurs dans le cas de lamelles hémitropes *exclusivement* obtenues par actions mécaniques. Il peut alors arriver que le plan de glissement ne coïncide pas avec le plan de macle, c'est-à-dire avec le plan de symétrie des deux cristaux. On a souvent pris, dans ce cas, le plan de glissement pour un nouveau plan de macle, quoi qu'il soit simplement astreint, comme ce dernier, à être perpendiculaire sur le plan de translation.

Cette théorie des groupements laisse complètement indéterminé l'ordre, le nombre et la position relative de ces éléments limites. Rien ne permet *a priori* d'éliminer des axes d'ordre 5, d'ordre 10, etc., et l'observation seule peut nous fournir des renseignements sur la nature de ces éléments. Jusqu'ici, malheureusement, les groupements cristallins ont été considérés par les minéralogistes comme d'une importance négligeable, comme de simples accidents. Aussi les renseignements que nous possédons sur les groupements sont-ils bien incomplets, et ce n'est pas sans une certaine hésitation que l'on tire des conclusions d'ordre *général*, d'observations aussi restreintes. Toujours est-il que, *si l'on entend, par symétrie totale de la particule complexe, l'ensemble de ses éléments de symétrie proprement dits et de ses éléments limites, révélés par les groupements, on peut dire que cette symétrie totale est toujours celle d'un cube.*

Mais l'énoncé de cette loi, pour être bien comprise, demande quelques éclaircissements. Les plans de groupement d'un cristal cubique holoédrique sont les faces de l'octaèdre $\lbrace 111 \rbrace$ et celles du trapézoèdre $\lbrace 211 \rbrace$; les axes binaires de groupement sont les axes ternaires du cristal [111] et les normales aux faces du trapézoèdre, c'est-à-dire les rangées [121]. Mais si, au lieu d'être rigoureusement cubique, la forme primitive se rapproche seulement d'un cube, aux éléments précédents pourront s'ajouter les droites et plans qui seraient les éléments de symétrie dans un cristal cubique. Autrement dit, en prenant pour axes les arêtes de la forme primitive représentant le cube, les faces des formes $\lbrace 100 \rbrace$, $\lbrace 011 \rbrace$ pourront être des plans de groupement, les rangées [100] pourront être des axes quaternaires de groupement, les rangées [111] des axes ternaires et les rangées [011] des axes binaires. Bien entendu si la forme primitive, au lieu d'être asymétrique, possède certains de ces éléments comme éléments de symétrie, ils disparaîtront en tant qu'éléments de groupement ; mais, dans tous les cas, la symétrie totale sera ce que nous appelons une symétrie cubique : aux éléments de symétrie du cube s'ajoutent les faces de l'octaèdre et du trapézoèdre et les normales à ces faces.

Il est presque inutile de faire remarquer que si, au lieu de prendre pour axes de coordonnées les arêtes de la forme primitive, arêtes qui correspondent aux axes du cube, on prenait d'autres rangées pour axes, les caractéristiques des plans et axes de groupement seraient modifiés, mais sans que les rapports existant entre les caractéristiques des différents éléments soient changés.

Pour être plus facilement compris, j'ai considéré le cas d'un cristal quasi cubique ; mais, en réalité, l'observation montre qu'il en est de même pour tous les cristaux. On peut toujours trouver un tétraèdre, ayant pour arêtes les paramètres de trois rangées et tel que les éléments limites, rapportés à ces trois rangées, aient pour caractéristiques les caractéristiques indiquées plus haut.

A la vérité d'autres éléments de groupement peuvent s'introduire *en apparence*. En effet, si les éléments limites et les éléments de symétrie font entre eux les mêmes angles que dans le cube, à tout axe d'ordre pair correspond un plan de symétrie perpendiculaire ; mais il n'en est plus de même, si la relation d'angle n'est pas conservée, si la forme primitive n'est pas un cube. Or, dans ce cas, si deux cristaux centrés sont symétriques par rapport à un axe d'ordre pair, ils seront également symétriques par rapport au plan perpendiculaire, qui paraîtra être un plan de groupement. Mais on sera averti de l'erreur par ce fait, que ce plan ne sera pas un plan réticulaire. C'est pour ce cas que fut introduite la conception de macle par hémitropie parallèle, que l'on avait le tort de fausser par l'introduction du plan d'accolement.

De même, si le cristal possède un axe de symétrie d'ordre pair et un plan de symétrie perpendiculaire, à tout plan limite passant par l'axe correspondra un plan limite apparent perpendiculaire sur les deux autres ; car le groupement possédant deux plans de symétrie en possédera forcément un troisième, qui, d'ailleurs, ne sera pas un plan réticulaire.

Nous voyons donc qu'en s'appuyant sur les observations faites sur les groupements, on arrive à cette conclusion importante, capitale même pour le sujet qui nous occupe : Quand la particule complexe n'est pas cubique, elle doit être considérée comme une particule cubique déformée, autrement dit si, au point de vue géométrique, le nombre des particules fondamentales est variable, au point de vue physique, il est toujours de 48, comme dans un cristal cubique. Il est facile de voir, en effet, en s'appuyant sur la formation des maclés par actions mécaniques, qu'en ce qui concerne la répétition des particules fondamentales, un élément limite joue le même rôle, qu'un élément réel. Une macle s'obtient mécaniquement en donnant à chaque point une translation, parallèle au plan macle et proportionnelle à sa distance à ce plan. Or, cette translation ne peut transformer la particule complexe en une particule symétrique, que si à chaque particule fondamentale correspond une autre particule fondamentale diamétralement opposée par rapport au plan de macle. La présence du plan limite double donc, comme celle d'un plan de symétrie le nombre des particules fondamentales.

Ce résultat nous permet de donner une définition précise de la forme primitive d'un corps cristallisé et d'échapper à l'arbitraire qui a présidé jusqu'ici au choix de cette forme primitive. Dans un corps cubique, la forme primitive est le cube, ayant pour faces les trois plans de symétrie principaux de la particule complexe, et, en généralisant, on peut dire que la forme primitive est le parallélipipède ayant pour faces les plans de la particule complexe, qui correspondent aux trois plans de symétrie principaux d'une particule cubique.

Ainsi définies, les formes primitives de tous les corps cristallisés ont même signification physique, et, bien plus, les faces qui, dans les différents corps cristallisés, ont mêmes caractéristiques, sont comparables au point de vue physique.

Constitution de la particule complexe. — Polarisation rotatoire. — Nous venons d'arriver à cette conclusion que la particule complexe devait toujours être considérée, au point de vue physique, comme formée de quarante-huit particules fondamentales. Mais ce résultat peut paraître, à première vue, en contradiction avec certains faits et demande, par suite, quelques explications. Certains cristaux mériédriques présentent deux sortes de formes cristallines, symétriques et non superposables ; il faut donc admettre que les molécules de ces corps sont susceptibles de constituer deux sortes de particules complexes, symétriques les unes des autres. Mais il n'en faudrait pas conclure que ces particules complexes sont de nature essentiellement différente, car il est possible de transformer entièrement des cristaux n'ayant que des formes droites, par exemple, en cristaux n'ayant que des formes gauches. Si on fait dissoudre les premiers et si on détermine la cristallisation par évaporation, on obtient un mélange de cristaux à formes droites et de cristaux à formes gauches ; en les triant et en faisant cristalliser à nouveau les premiers, on obtiendra un second mélange, et on pourra, en continuant, effectuer complètement la transformation.

Il n'existe donc, entre les deux sortes de particules complexes, qu'une différence de structure. Elles sont formées des mêmes particules fondamentales disposées différemment. Dans une particule complexe, il y a deux sortes de particules fondamentales, les particules d'une sorte étant symétriques des particules de l'autre sorte, et ces particules fondamentales peuvent donner naissance, conformément à l'explication du polymorphisme que j'ai donnée antérieurement, à deux particules complexes, symétriques l'une de l'autre par rapport à un plan limite de la particule fondamentale. La propriété que possèdent certains corps de présenter des formes cristallines inverses n'est, en réalité, qu'un cas de polymorphisme, dans lequel le réseau se conserve intact.

Comme application des considérations précédentes, je donnerai une explication de la polarisation rotatoire, différente de celle de Sohncke, puisque cet auteur était obligé d'admettre qu'un cristal rhomboédrique, possédant la polarisation rotatoire, avait un réseau sénaire

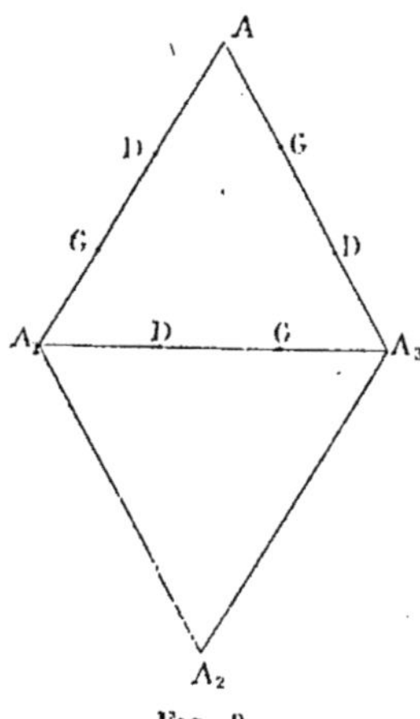

Fig. 3.

Considérons un édifice cristallin ternaire, ayant un réseau ternaire, et soient A, A_1, A_2, A_3 (*fig.* 3), la maille du plan réticulaire perpendiculaire à l'axe ternaire et passant par le centre de gravité A d'une particule complexe. Il est facile de voir que, outre les axes ternaires de révolution, cet édifice possède des axes ternaires hélicoïdaux parallèles aux premiers et coupant les côtés de la maille au tiers de la distance de deux nœuds. Mais ces axes hélicoïdaux sont de deux sortes, les uns sont droits et les autres gauches. Deux axes de sens contraires sont symétriques par rapport à un plan de symétrie du réseau, tel que celui dont la trace coïncide avec la droite AA_2.

Supposons d'abord que la particule complexe possède ce plan de symétrie; si une particule fondamentale se trouve sur l'axe D, une particule inverse occupera la même position sur l'axe G. Le rayon, se propageant suivant l'axe D, subira une rotation dans un sens, et le rayon se propageant suivant G subira une rotation égale et de sens contraire. Par conséquent le faisceau émergeant ne présentera aucune modification. Si, au contraire, la particule complexe ne possède pas le plan de symétrie, les deux particules fondamentales n'occuperont pas la même position sur les deux axes et, par conséquent, il pourra se faire que l'une des rotations l'emporte sur l'autre, et le cristal possédera une polarisation rotatoire de même sens que la rotation la plus énergique.

Mais alors, si le corps est polymorphe, trois particules complexes pourront se produire, deux symétriques l'une de l'autre par rapport au plan AA_2, et une troisième possédant le plan de symétrie; il y aura donc des cristaux gauches, des cristaux droits et des cristaux neutres.

Cette façon de concevoir les choses fait tomber une objection qui n'était pas sans valeur. Pour expliquer l'existence de cristaux neutres, on était obligé d'admettre que des cristaux de rotations différentes s'empilaient avec une régularité, une constance bien inadmissible. Dans cette explication, il y a bien superposition des deux rotations, mais sans qu'il y ait superposition des deux édifices gauche et droit.

Des rapports de la maille et de la forme primitive. — Pour tous les minéralogistes, la forme primitive n'est que la représentation de la maille du réseau, et, de fait, il en est ainsi pour un grand nombre de corps cristallisés, les corps cubiques, et ceux que l'on peut considérer comme des corps cubiques *légèrement* déformés. Mais, comme je me propose de l'établir, il est toute une catégorie de corps échappant à cette règle : chez eux la maille et la forme primitive sont des parallélipipèdes différents.

Pour être plus facilement suivi, je vais d'abord montrer au moyen d'exemples, comment on peut trouver la forme primitive quand celle-ci coïncide avec la maille du réseau : j'étudierai successivement la Staurotide et le Disthène.

Staurotide. — Ce minéral orthorhombique a pour paramètres :

$$0,4734 : 1 : 0,6828.$$

D'autre part on observe les groupements suivants : 1° deux cristaux peuvent se grouper de façon à être orientés à 90° l'un de l'autre autour de l'axe des x ;

2° Deux, trois ou six cristaux peuvent se grouper en s'orientant à 120° ou 60° autour d'une rangée située dans le plan des zx et faisant avec l'axe des x un angle de 55° 16′ ;

3° Les mêmes groupements peuvent s'observer autour d'une rangée située dans le plan des xy et faisant avec l'axe des x un angle de 54° 37′.

Si l'on se rappelle que, dans un cube, un axe ternaire fait avec un axe quaternaire un angle de 54° 44′, il devient bien évident que l'axe des x est un axe quasi quaternaire ; les deux autres axes de groupements, des axes quasi ternaires, et que, par suite, l'axe des z et celui des y sont des axes binaires d'un cristal quasi cubique. En effet, en prenant pour unité le paramètre de l'axe des x, les paramètres deviennent :

$$1 : \frac{1}{0{,}4734} : \frac{0{,}6828}{0{,}4734},$$

ou en multipliant le second par 2/3 :

$$1 \ : \ 1{,}4082 \ : \ 1{,}4423,$$

c'est-à-dire très sensiblement : $1 : \sqrt{2} : \sqrt{2}$.

On déduit sans difficulté que la forme primitive, qui coïncide ici avec la maille du réseau, est un prisme droit orthorhombique dont la hauteur est parallèle à l'axe des x. Son angle dièdre sur l'axe des z est égal à 88° 38′, et si l'on prend pour unité la hauteur, les deux arêtes de bases sont égales à 1,0078.

Disthène. — Les paramètres cristallographiques de ce minéral sont :

$$0{,}89938 \ : \ 1 \ : \ 0{,}70896,$$

avec

$$xy = 105° 14′ \qquad yz = 90° 5′ \qquad zx = 101° 2′$$

Les groupements sont assez nombreux et particulièrement intéressants.

1° Le plan des yz (100) est un plan de groupement ;

2° L'axe des z (100) (010) est un axe binaire de groupement ;

3° L'axe des y (001) (010) est un axe binaire de groupement ;

4° Les auteurs indiquent, comme axe binaire de groupement, la droite située dans le plan des yz (100) et perpendiculaire sur l'axe des z (010) (100). Cette droite, qui n'est pas une rangée, n'est qu'en apparence un axe de groupement. En réalité les deux cristaux sont symétriques par rapport au plan limite passant par l'axe des z et qui, dans un cristal cubique, serait perpendiculaire sur l'axe limite des y ;

5° On indique également, comme axe de groupement, la droite située dans le plan des yz et perpendiculaire sur l'axe des y ; comme dans le cas précédent, le véritable élément limite est le plan réticulaire passant par l'axe des y et à peu près perpendiculaire sur l'axe des z ;

6° Deux cristaux sont orientés à peu près à 60 degrés l'un de l'autre, autour d'une rangée située dans le plan des yz et faisant avec l'axe y un angle de 54° 52' ;

On a, en outre, indiqué des macles suivant les plans (001) et $(\overline{3}08)$; mais, en réalité, dans ces macles qui ne s'obtiennent que par actions mécaniques, les cristaux ne sont pas symétriques par rapport aux plans indiqués ; ceux-ci ne sont que des plans de glissement, des plans d'accolement de deux cristaux symétriques par rapport à un plan limite appartenant à la même zone. Ce plan limite n'a pas été déterminé, et peut d'ailleurs être variable, puisqu'il y a trois plans limites passant par l'axe des y.

Il résulte évidemment de ce qui précède que l'axe des y est un axe quaternaire limite et que l'axe des z est un axe binaire limite, et, en effet, si l'on multiplie par 2 le paramètre de ce dernier axe, on obtient 1,41792, c'est-à-dire sensiblement $\sqrt{2}$.

D'autre part il est facile de voir qu'il existe une rangée faisant avec oy un angle de 89° 36' et avec oz un angle de 89° 44' et dont le paramètre est égal à 1,4122 ; cette rangée est donc également un axe binaire limite.

Je ferai remarquer en passant que ce sont les deux plans passant par cette rangée et respectivement par l'axe des y et celui des z, qui sont les plans de macles des n°s 4 et 5.

Au moyen des nombres donnés plus haut, il est facile de

calculer les dimensions de la forme primitive. Celle-ci est un prisme triclinique, dont le dièdre, ayant pour arête l'axe des y, est égal à 89° 46', et les deux autres dièdres à la base sont respectivement égaux à 89° 50' et 90°, en négligeant les secondes. L'arête du premier de ces dièdres est égal à 0,9969 et l'autre à 1,0044.

On peut se demander quel est la signification de l'axe des x habituel; cet axe coïncide avec la rangée ayant pour caractéristique, par rapport à la forme primitive |231|, et pour paramètre, $4 \times 0,89938$.

Il résulte de là que, si l'on désigne par q, r, s, les caractéristiques d'une face par rapport à la forme primitive et par q', r', s', les caractéristiques habituellement employées, on a entre elles les relations :

$$q = 4q' - 3r' - 2s'$$
$$r = r'$$
$$s = 4s' - 4q' + 3r'$$

Je terminerai en faisant remarquer que les résultats auxquels nous ont amenés l'étude de la Staurotide et du Disthène expliquent tout naturellement le mode d'association de ces minéraux. On rencontre assez fréquemment des cristaux de Disthène recouverts d'une enveloppe de Staurotide, les deux cristaux ayant une orientation déterminée l'un par rapport à l'autre; l'axe des x de la Staurotide coïncide avec l'axe des y du Disthène, les deux axes des z coïncidant. Cela revient à dire que les deux axes quaternaires limites se superposent, ainsi que les deux axes binaires; autrement dit les deux réseaux s'orientent de façon à coïncider autant que possible. De même c'est l'axe vertical de l'Andalousite qui correspond à l'axe des y du Disthène.

Ces deux exemples suffisent, je crois, pour faire comprendre la méthode à suivre pour déterminer la forme primitive dans le cas où elle coïncide avec la maille du réseau, et je vais maintenant m'occuper du second cas celui ou la maille et la forme primitive sont deux parallélipipèdes différents ayant la même symétrie.

Calcite. — On sait que les minéralogistes prennent pour forme primitive de ce minéral le rhomboèdre de clivage de 105° 5'. Il est facile de voir, en s'appuyant sur les groupements, que ce choix est justifié. En effet, si nous prenons pour axes de coordonnées les arêtes du rhomboèdre de 105° 5, les plans de macle sont les suivants :

$$1° \text{ Les faces du rhomboèdre} \quad (100)$$
$$2° \text{ Les faces du rhomboèdre} \quad (110)$$
$$3° \text{ Les bases} \quad (110)$$
$$4° \text{ Les faces du rhomboèdre} \quad (11\bar{1})$$
$$5° \text{ Les faces du rhomboèdre} \quad (211)$$
$$6° \text{ Les faces du prisme} \quad (11\bar{2})$$

Il est inutile de faire intervenir les axes de groupement, la considération des plans de macles suffisant à montrer que le rhomboèdre est bien la représentation de la particule complexe cubique déformée.

Mais quelle est la maille du réseau ? Malgré le travail de Mallard, qui, il est vrai, n'a pas donné une solution complète de la question, tous les minéralogistes regardent le rhomboèdre de 105° 5' comme représentant cette maille. Or il est facile de montrer qu'il n'en saurait être ainsi en s'appuyant sur certaines propriétés sinon de la Calcite, du moins d'autres corps cristallisant, comme elle, en rhomboèdres voisins de 107°.

Considérons, par exemple, le chlorate de soude, dont le

polymorphisme a été étudié par Mallard et R. Brauns (1). Ce corps est trimorphe; mais deux de ces formes seulement nous intéressent pour le moment, la forme cubique et la forme rhomboédrique. Ce corps cristallise, en effet, en rhomboèdres très biréfringents, dont l'angle dièdre est à peu près de 106°. Ces rhomboèdres se transforment spontanément en cristaux isotropes sans se fracturer, sans perdre leur transparence, sans changement de forme, autrement dit, sans modification apparente. Si la transformation s'effectue dans le liquide cristallogène, il se produit de petits cubes s'accolant sur le rhomboèdre et prenant, relativement à lui, une orientation déterminée : un de leurs axes ternaire est parallèle à l'axe ternaire du rhomboèdre, et les trois plans de symétrie passant par chacun de ces axes sont également parallèles. Dans certains cas, on voit même un rhomboèdre être biréfringent à une extrémité et monoréfringent à l'autre. Ces faits ne peuvent s'expliquer qu'en admettant que le réseau du rhomboèdre est sensiblement le même que celui des cristaux isotropes, c'est-à-dire sensiblement cubique, les faces du rhomboèdre, autrement dit de la forme primitive, étant des plans réticulaires de ce réseau cubique.

Il était important de remarquer que la forme du rhomboèdre ne change pas, pour établir la persistance du réseau. Car un changement, même notable, dans le réseau, peut se produire sans entraîner de cassure. Ne voit-on pas, dans les macles de la Calcite obtenues par action mécanique, le réseau subir une transformation telle que des angles de 105° 5' deviennent égaux à 74° 55', et inversement, sans qu'il y ait pour cela désagrégation du cristal ? Le passage de la forme rhomboédrique à la forme cubique pourrait donc se faire par

(1) MALLARD, *Bulletin de la Société minéralogique de France*. t. VII; R. BRAUNS, *Neues Jahrbuch*. 1898.

une modification du réseau, sans que, pour cela, il se produise de cassure. Mais la persistance de la forme extérieure nous indique qu'il n'en est rien.

On voit donc que, dans le passage de la forme rhomboédrique à la forme cubique, tout se réduit à une modification de la particule complexe, analogue précisément à celle qui se produit dans la Calcite, lorsqu'on la macle par action mécanique. Dans ce minéral, les particules fondamentales, qui étaient orientées symétriquement par rapport à un axe ternaire du réseau, s'orientent symétriquement autour d'une autre rangée, qui devient axe ternaire du réseau. De même dans le chlorate de soude rhomboédrique, la particule complexe n'avait qu'un axe ternaire ; lors de la transformation, les particules fondamentales s'orientent de façon à ce que cette particule complexe en acquiert trois autres.

Nous sommes donc amenés à cette conclusion, que tous les cristaux dont la forme primitive est un rhomboèdre voisin de 107°, ont cependant un réseau sensiblement cubique ayant pour plans réticulaires les faces de la forme primitive.

Par conséquent, dans la Calcite, en supposant que la face déterminante du rhomboèdre de 105°5′ ait pour caractéristiques $(xo\overline{x}y)$ par rapport au réseau, on aurait :

$$0,85430 = \frac{x}{y}\sqrt{\frac{3}{2}},$$

si le réseau était rigoureusement cubique. Comme la cubicité n'est qu'approchée, il faut chercher, pour x et y, des nombres entiers satisfaisant d'une façon approximative à cette égalité. Mais il y a une infinité de solutions ; aussi supposerons-nous pour le moment, en nous proposant de revenir plus tard sur la question, que les nombres x et y sont *simples.* Dans cette hypothèse, on trouve $x = 2$ et $y = 3$, le rhomboèdre, dont l'axe ternaire a pour paramètre $\frac{2}{3}\sqrt{\frac{3}{2}} = \frac{\sqrt{2}}{\sqrt{3}} = 0,81650$, ayant, en effet, un angle dièdre égal à 107° 6′. Le paramètre de l'axe ternaire de la maille du réseau est alors égal à $\frac{3}{2} 0,85430 = 1,28145$, et l'angle dièdre de ce rhomboèdre égal à 88° 18′. Ce rhomboèdre se rencontre, d'ailleurs, dans la nature.

Je terminerai relativement à la Calcite, en faisant remarquer que, si au lieu de rapporter les faces à la forme primitive, on les rapporte à la maille du réseau, la caractéristique relative à l'axe ternaire sera multipliée par 3 et celle relative à l'axe binaire par 2.

Diopside. — Je vais maintenant m'occuper d'un autre type, celui des pyroxènes monocliniques, en partant du Diopside. Les données de ce minéral monoclinique sont :

$$1,09213 : 1 : 0,58932 \text{ avec } zx = 74° 10′.$$

Les plans de macles ont pour caractéristiques :

$$(100), (001), (101)$$

et passent par l'axe binaire.

D'autre part, les cristaux peuvent se macler suivant le plan $(\bar{1}22)$ faisant avec le plan de symétrie un angle de 59° 29′.

En outre, le plan $(\bar{1}22)$ coupe ce plan de symétrie suivant une rangée qui fait avec l'axe des z, dans l'angle aigu de Ox et Oz, un angle de 90° 11′, et cette rangée sert d'axe de groupement pour trois ou six cristaux orientés sensiblement à 120° ou à 60° l'un de l'autre. Cette rangée est donc un axe ternaire limite. La forme primitive et la maille du réseau peuvent donc être considérées comme dérivant par une légère déformation de rhomboèdres ayant cette rangée pour axe ternaire. Aussi, pour conserver toujours la même orientation des axes, prendrons-nous pour axe des z cet axe ternaire limite, pour axe des y l'axe binaire et pour axe des x l'ancien axe des z, c'est-à-dire une rangée qui, dans un cristal cubique, serait perpendiculaire à une face du trapézoèdre (211).

Or il est facile de voir que, dans un tel système d'axes de coordonnées, les plans passant par l'axe des z et susceptibles d'être des plans de macles ont pour caractéristiques (110) et $(\bar{1}10)$, faisant avec le plan de symétrie des angles de 30°; (310) et $(\bar{3}10)$ faisant avec ce même plan des angles de 60° et (100) perpendiculaire sur ce plan.

Les plans passant par l'axe binaire et susceptibles d'être des plans de macle ont pour notation (101), $(\bar{2}01)$, $(10\bar{2})$, (401); mais il ne faut pas oublier que, dans chacun de ces groupements, il existe un troisième plan de symétrie passant par l'axe binaire et perpendiculaire respectivement sur chacun des plans précédents. Pour déterminer le rhomboèdre qui, par une légère déformation, peut donner naissance à la forme primitive, les plans de macles passant par l'axe ternaire ne peuvent servir, parce qu'ils sont les mêmes dans tous les rhomboèdres; il faut recourir aux plans passant par l'axe binaire dont l'un, désigné dans la notation habituelle, par le symbole (001) fait, avec l'axe ternaire, un angle de 15° 39′, et l'autre (101) fait avec le même axe un angle de 40°.

La méthode des essais successifs est la seule applicable; le premier, par exemple, des plans de macle observés doit être assimilé à l'un des quatre plans indiqués plus haut, comme susceptibles d'être un plan de macle, et le rhomboèdre, forme primitive, se trouvera par cela même déterminé. La vérification consistera à voir si l'angle de deux faces, déduit

par le calcul de cette forme primitive, se rapproche avec
une approximation suffisante de l'angle des deux mêmes
faces mesurées sur le pyroxène et, en particulier, s'il
existe un plan de macle faisant avec l'axe ternaire un angle
voisin de 40°.

Il est tout naturel d'admettre, pour la particule complexe,
la plus faible déformation et d'assimiler le premier plan de
macle avec le plan (401) qui, dans tous les cas, est celui qui
fait le plus petit angle avec l'axe ternaire. Si donc on
désigne par c et a les paramètres de l'axe ternaire et de l'axe
des x, on devra avoir :

$$\frac{a}{4} = c \ \text{tang} \ 15°39'.$$

Mais, d'autre part, si ce plan de macle est un plan réticulaire d'un réseau sensiblement cubique, on doit avoir :

$$\frac{c}{a} = \frac{s}{q} \cdot \frac{\sqrt{3}}{\sqrt{6}}$$

s et q étant des nombres entiers.

Il en résulte :

$$\frac{s}{q} = \frac{1}{4} \cdot \frac{\sqrt{2}}{\text{tang} \ 15°39'} = \frac{5.048}{4} = \frac{5}{4}.$$

Dans cette hypothèse, le rapport de l'axe ternaire à l'axe
binaire du rhomboèdre cherché serait donc voisin $\frac{5}{4} \frac{\sqrt{3}}{\sqrt{2}}$, et
son angle dièdre différerait peu de 82° 10'.

Pour vérifier si la forme primitive du Diopside peut bien
être considérée comme un rhomboèdre de 82° 10' légère-

ment déformé, il est tout d'abord nécessaire de calculer les caractéristiques des faces connues de ce minéral, par rapport aux nouveaux axes, c'est-à-dire par rapport à l'axe ternaire, comme axe des z, l'axe binaire comme axe des y, et la perpendiculaire commune comme axe des x.

Remarquons tout d'abord que, dans le rhomboèdre précédent, si l'on prend pour unité le paramètre de l'axe binaire, le paramètre de la droite d'intersection d'un plan de symétrie avec le plan (401), droite prise habituellement pour axe des x, est égal à 6,3639, celui de l'axe des z habituel est égal à $\sqrt{3} = 1,732$; et de la comparaison de ces nombres avec ceux adoptés ordinairement :

$$6,3639 : 1 : 1,732$$
$$1,09243 : 1 : 0,58932,$$

il résulte que, pour avoir les vrais paramètres du Diopside, il faut multiplier le premier par 6 et le dernier par 3. Il faut, par conséquent, multiplier également la première caractéristique par 6 et la dernière par 3.

Si donc on désigne par (qrs) les caractéristiques d'une face par rapport aux axes habituels, la caractéristique relativement au nouvel axe des x sera $3s$, celle relative à l'axe des y ne changera pas, et, comme il est facile de le voir par un calcul simple, celle relative au nouvel axe des z, $\dfrac{3s + 6q}{4}$;

On aura donc :

$$(q \cdot r \cdot s) \equiv \left(3s \cdot r \cdot \frac{3s + 6q}{4}\right).$$

Calculons les caractéristiques des plans de macle $(\overline{1}22)$ (101), *qui ne sont pas intervenues dans la détermination de la forme primitive*.

On obtient $(\bar{1}22) \equiv (310)$, ce dernier plan est bien un plan macle possible, et fait avec le plan de symétrie, dans le rhomboèdre, un angle de 60°, et, dans le Diopside, un angle de 59° 29'.

$(101) \equiv (403)$. Ce dernier plan est perpendiculaire sur le plan de macle (101) et se trouve être, par cela même, un plan de macle apparent; de plus, dans le rhomboèdre, il fait un angle de 40° 19' avec l'axe ternaire, et, dans le Diopside, un angle de 40° avec le même axe. La vérification est donc parfaite : elle se complète par le tableau suivant, comprenant, dans la première colonne, les caractéristiques anciennes; dans la deuxième, les nouvelles; dans la troisième, les angles mesurés dans le Diopside, et, dans la quatrième, les angles dans le rhomboèdre de 82° 10'.

(110)	$(1\bar{1}0)$	$\equiv$ (023)	$(0\bar{2}3)$	92° 50'	91° 10'
(210)	$(2\bar{1}0)$	(013)	$(0\bar{1}3)$	55° 26'	54° 58'
(130)	$(1\bar{3}0)$	(021)	$(0\bar{2}1)$	35° 12'	36° 10'
(001)	(101)	(401)	(403)	24° 41'	24° 21'
(001)	(102)	(401)	(100)	15° 39'	15° 48'
(001)	$(\bar{1}01)$	(401)	$(40\bar{1})$	31° 20'	31° 36'

De cette concordance résulte que la forme primitive des pyroxènes est un prisme monoclinique voisin du rhomboèdre, et leur réseau, un réseau sensiblement cubique. Le calcul montre, en effet, que le dièdre de la forme primitive dont l'arête est située dans le plan de symétrie est égal à 80° 36' et les deux autres dièdres égaux à 82° 5'. Le dièdre de la maille du réseau situé dans le plan de symétrie est égal à 91° 30' et les deux autres à 90° 6'.

Dans la pratique, on a évidemment intérêt, pour mettre en évidence l'existence des éléments de symétrie, à prendre pour axes cristallographiques les axes indiqués plus haut au lieu des trois arêtes de la forme primitive, et alors les paramètres du diopside deviennent :

$$1.76796 : 1 : 1,5747 \qquad \text{avec} \qquad \beta = 90^\circ 11'.$$

Si l'on rapportait les faces à la maille du réseau, au lieu de les rapporter à la forme primitive, la caractéristique relative à l'axe binaire serait multipliée par 4, et celle relative à l'axe des x par 5.

De la déformation de la particule complexe. — A propos de la Calcite, après avoir établi que les faces de la forme primitive sont des plans réticulaires du réseau, j'ai déterminé les caractéristiques q et s de ces faces en cherchant les nombres entiers *simples* satisfaisant approximativement à l'égalité :

$$0,85430 = \frac{q}{s} \sqrt{\frac{3}{2}}$$

ou

$$\frac{q}{s} = 0,6975$$

en adoptant la solution $\frac{q}{s} = \frac{2}{3}$, c'est-à-dire 0,666. Il en résulte, pour le rapport de l'axe ternaire à l'axe binaire dans la maille du réseau, la valeur 1,28145. Or on est en droit de se demander si le choix des caractéristiques simples est bien justifié, et si l'on ne se rapprocherait pas plus de la vérité en adoptant la solution $\frac{q}{s} = \frac{7}{10}$, qui donnerait pour le rapport précédent la valeur 1,2204 plus voisine de $\sqrt{\frac{3}{2}}$. Mais il ne faut pas oublier que la Calcite n'est pas un minéral isolé ; elle fait partie d'une série bien naturelle de carbonates rhomboédriques, qui ont trop de caractères communs pour que l'on puisse admettre, pour chacun d'eux, des caractéristiques différentes des faces de la forme primitive.

Or cette série comprend la Sidérite et la Mésitite dont les paramètres sont respectivement : 0,8184 et 0,8144, et si l'on adopte la solution $\dfrac{q}{s} = \dfrac{2}{3}$ il en résulte, pour le paramètre de l'axe ternaire de la maille du réseau, les valeurs 1,2276 et 1,2211. Autrement dit, ces mailles sont des rhomboèdres ayant pour angles dièdres 89°53′ et 90°5′. Les différences ne sont donc que de 7′ et 5′ sur la maille cubique, et le choix de la solution paraît bien justifié. Une remarque analogue pourrait être faite pour les pyroxènes.

Mais il en résulte une conclusion qui mérite de retenir l'attention. Si les caractéristiques des faces de la forme primitive doivent être des nombres simples, il s'ensuit par cela même que la particule complexe ne pourra présenter, dans la série des cristaux, une déformation continue. Elle se déformera en restant voisine de certains types, tels que le cube, le rhomboèdre de 107°6′, le rhomboèdre de 82°10′, sans que l'on puisse constater une déformation continue allant, par exemple, du cube au rhomboèdre de 107°6′.

Il est facile, sinon de démontrer, tout au moins de faire comprendre qu'il doit en être ainsi.

Tout d'abord on ne doit pas oublier que la particule complexe n'existe pas en dehors de l'édifice cristallin ; dans un milieu cristallogène, il n'y a pas de particules complexes, il n'y a que des molécules, tout au plus des particules fondamentales. Dans la cristallisation, celles-ci se disposent de façon à ce que leurs centres de gravité soient sur des réseaux sensiblement cubiques et donnent ainsi naissance à des particules complexes qui, par cela même qu'elles appartiennent à un milieu cristallin, doivent satisfaire à certaines conditions. En particulier leurs éléments de symétrie réels ou limites doivent coïncider avec des éléments correspondants, rangés ou plans réticulaires du réseau. Or ceux-ci doivent avoir des caractéristiques simples ; car qu'est-ce qu'un plan réticulaire dont les caractéristiques sont de grands nombres ? C'est un plan à faible densité superficielle, un plan dans lequel les centres de gravité des particules complexes sont très éloignés les uns des autres. Or la sphère d'action d'une particule a toujours un faible rayon, et dès que la densité superficielle descend au-dessous d'une certaine limite, la particule n'exerce plus aucune action sur les autres particules situées dans ce plan et réciproquement. Mais alors, pour la particule, ce plan ne se distingue en rien d'un plan quelconque, ce n'est plus à proprement parler un plan réticulaire, et il ne saurait intervenir dans la formation de la particule complexe.

De cette analyse résulte donc que, en général, les caractéristiques de la forme primitive doivent être simples et, en outre, qu'un type de forme primitive sera d'autant plus rare, dans la série des corps cristallisés, que ses caractéristiques seront plus élevées. On pourra, en effet, constater dans la seconde partie de ce travail que le type le plus fréquemment réalisé est celui où la forme primitive se confond avec la maille du réseau, puis vient, comme fréquence, le type du rhomboèdre $\frac{2}{3}\sqrt{\frac{3}{2}}$ et enfin celui du rhomboèdre $\frac{5}{4}\sqrt{\frac{3}{2}}$.

Déformation du réseau. — On vient de voir que la forme primitive se rapproche plus ou moins de certains rhomboèdres, qui peuvent être très nettement différents d'un cube. Au contraire le réseau est toujours sensiblement cubique ; mais cette expression sensiblement cubique demande à être précisée si l'on veut la faire sortir du domaine de l'appréciation personnelle. Dans quelles limites doivent se tenir les variations des angles dièdres de la maille pour que le réseau puisse encore être assimilé à un réseau cubique ? L'observation seule peut évidemment fournir une réponse à cette question, et c'est dans l'étude des mélanges isomorphes qu'il faut la chercher. Tous les minéralogistes s'accordent à admettre que la propriété que possèdent certains corps de se mélanger pour cristalliser entraîne, pour ces corps, une constitution cristalline identique ; leurs réseaux doivent différer suffisamment peu pour pouvoir être considérés comme comparables.

Or l'observation nous montre que la différence entre les dièdres des mailles de deux corps isomorphes peut atteindre et même dépasser 4 degrés. Telle est donc la limite qu'en toute rigueur nous pouvons admettre pour le réseau. Autrement dit, nous devons nous attendre à trouver pour les dièdres de la maille des valeurs variant entre 86° et 94°.

Des relations entre la déformation et les propriétés physiques. — Des considérations précédentes, il résulte que tous les cristaux peuvent être considérés comme des cristaux cubiques légèrement déformés. Ce n'est pas là une vue purement théorique. Il ne faut pas oublier, en effet, que beaucoup d'entre eux sont polymorphes, l'une des formes étant cubique et les autres pouvant se déduire de cette dernière, en suivant des règles qui nous sont données par la théorie du polymorphisme. Plus on avance dans l'étude des corps cristallisés, plus on est amené à cette conviction que le polymorphisme n'est pas une propriété particulière à quelques cristaux, mais bien une propriété générale, et il est bien naturel de penser qu'un jour viendra où l'on connaîtra la forme cubique de tous les corps cristallisés. Ils peuvent donc être considérés comme résultant de la déformation, de la transformation, si l'on préfère, d'une forme cubique, et l'on doit se demander s'il ne serait pas possible de déduire les propriétés physiques et, en particulier, les propriétés optiques des éléments de la déformation.

Je dois dire de suite que, dans l'état actuel de la science, il est impossible d'atteindre ce résultat; mais, comme plusieurs physiciens en ont admis implicitement la possibilité en étudiant l'influence des actions mécaniques sur les propriétés optiques, il n'est pas inutile de s'arrêter sur ce sujet. Si l'on désigne par a, b, c, les paramètres des trois rangées représentant les axes quaternaires, les quantités $a - 1$, $b - 1$, $c - 1$; que nous désignerons par δx, δy, δz, représentent les variations de l'unité de longueur suivant ces trois axes. En général ces trois rangées ne sont plus rectangulaires : désignons donc α_x, α_y, α_z, les excès de leurs angles sur 90°, exprimés, bien entendu, en unité d'arc.

Les composantes Nx, Ny, Nz, Tx, Ty, Tz, des forces élastiques optiques suivant les actes quaternaires, seront données par les expressions :

$$N_x = A\delta_x + B(\delta_y + \delta_z) + N$$
$$N_y = A\delta_y + B(\delta_x + \delta_z) + N$$
$$N_z = A\delta_z + B(\delta_x + \delta_y) + N$$
$$T_x = \frac{1}{2}(A - B)\,\alpha_x$$
$$T_y = \frac{1}{2}(A - B)\,\alpha_y$$
$$T_z = \frac{1}{2}(A - B)\,\alpha_z$$

N étant la force élastique dans la forme cubique, A et B deux constantes. Si N est connu, ces équations devraient permettre de calculer toutes les constantes optiques en fonctions des paramètres cristallographiques, après avoir déterminé A et B par deux expériences. Dans le cas où N n'est pas connu, elles devraient permettre de déterminer l'orientation de l'ellipsoïde d'élasticité optique et l'angle des axes optiques, autrement dit les quantités ne dépendant que de la différence des forces élastiques.

Malheureusement il n'en est rien : la théorie de l'élasticité, établie par les mathématiciens et les physiciens et d'où découlent les formules précédentes, suppose que les éléments, dans la déformation, se déplacent parallèlement à eux-mêmes ; autrement dit, on ne considère, dans cette théorie, que le déplacement du centre de gravité, sans tenir compte de la rotation de l'élément autour de son centre. Or c'est précisément cette rotation de la particule fondamentale qui paraît intervenir le plus énergiquement dans la variation des forces d'élasticité optique ; certains cristaux, dont le réseau est relativement très déformé, sont peu biréfringents, tandis que d'autres, dans lesquels le réseau n'a éprouvé qu'une déformation très faible ou même nulle, ont une biréfringence assez élevée : telle la Boracite, dont le réseau est cubique et dont la biréfringence est supérieure à celle du quartz.

La théorie mathématique de l'élasticité est donc un instrument trop grossier pour pouvoir être utile dans l'étude des phénomènes qui nous occupent. Par conséquent tous les résultats déduits par Neuman, Wertheim, etc., de leurs observations, en faisant intervenir la théorie de l'élasticité, doivent être rejetés.

DE LA SYMÉTRIE APPARENTE.

En étudiant les cristaux considérés comme cristallisant dans le système quadratique, j'ai été frappé de ce fait que, par la valeur de leurs angles, la nature de leurs groupements, ils se répartissaient en deux groupes nettement distincts. Les uns présentent tous les caractères de cristaux possédant un axe quaternaire de structure, c'est-à-dire un axe quaternaire commun à leur réseau et à leur particule complexe. Les autres, au contraire, tant par les angles de leurs faces que par la façon dont ils se groupent, se rapprochent beaucoup des cristaux rhomboédriques ayant un axe ternaire, normal sur la direction considérée comme étant un axe quaternaire.

J'ai été ainsi amené à considérer comme nécessaire l'introduction dans la cristallographie d'une notion nouvelle, *la symétrie apparente :* celle-ci doit être soigneusement distinguée de la symétrie, lorsque l'on veut reconnaître les analogies existant entre les cristaux de différentes espèces, lorsque l'on veut les grouper d'une façon naturelle.

Un exemple suffira à faire comprendre ce qu'il faut entendre par symétrie apparente. Considérons un cristal rhomboédrique, c'est-à-dire un cristal dont le réseau est ternaire. Il est facile de voir que si l'on fait tourner le réseau de 60° autour de l'axe ternaire, un plan réticulaire quelconque vient coïncider avec un autre plan réticulaire, quoique le réseau ne se retrouve pas en coïncidence avec lui-même, puisque les nœuds situés dans les plans ne se superposent pas. Il en résulte que, dans le cristal, à toute face, correspond cinq faces symétriques de la première par rapport à l'axe ternaire. Ces six faces ne sont pas identiques et, dans la cristallisation, la formation de l'une d'elles n'entraînera pas, *en général*, la formation des cinq autres, mais seulement la formation de deux autres. Tel est le cas général; mais il peut se présenter des cas particuliers où les six faces se produisent avec la même facilité, et alors, quoique ne possédant qu'un axe ternaire, le cristal paraîtra posséder un axe sénaire : il aura un axe sénaire de symétrie apparente. Ainsi le quartz possède certainement une symétrie ternaire, quoique le plus souvent, par suite de la coexistence des rhomboèdres p et $e^{1/2}$, on pourrait le prendre pour un cristal hexagonal, et même cet axe ternaire est un axe sénaire de symétrie apparente pour certaines formes cristallines, telles que l'isocéloèdre ($2\overline{11}2$), dont les six faces coexistent toujours. Il pourrait en être de même pour toutes les formes cristallines, et le quartz, quoique son réseau n'ait qu'un axe ternaire, paraîtrait avoir un axe sénaire.

Cette notion de symétrie apparente, qui nous amène à admettre qu'un corps cristallisé peut présenter un axe de symétrie dans ses formes cristallines et même dans son ellipsoïde d'élasticité optique, sans que cet élément se retrouve dans sa structure, est évidemment en contradiction avec les idées reçues, avec les idées courantes. Mais cette conception de la symétrie résulte d'une habitude et n'est justifiée par aucun raisonnement. Il est bien vrai que, si un corps cristallisé possède un axe de symétrie de structure, c'est-à-dire dans son réseau et sa particule complexe, cet axe se retrouvera dans ses formes cristallines et ses propriétés optiques ; mais la réciproque n'est pas démontrée, quoique, par habitude, on l'admette sans discussion. Il est, en effet, facile de montrer par quelques exemples que la symétrie peut paraître plus élevée qu'elle ne l'est en réalité.

Considérons l'Iodargyrite ; cette substance présente, dans ses formes cristallines, une symétrie nettement hexagonale, et l'on admet, par suite, qu'elle possède un axe sénaire et dans son réseau et dans sa particule complexe. En réalité son réseau est sensiblement cubique ; elle ne possède qu'un axe ternaire de structure, qui est binaire par symétrie apparente.

Un premier argument est tiré de ce fait que le paramètre de l'axe vertical rapporté à l'axe binaire est égal à 1,2294, c'est-à-dire très sensiblement à $\dfrac{\sqrt{3}}{\sqrt{2}}$, qui est le rapport de l'axe ternaire à l'axe binaire dans le réseau cubique. Si le réseau était hexagonal, pourquoi l'axe vertical aurait-il cette valeur si particulière ; dans un tel réseau, il n'existe aucun rapport entre l'axe vertical et l'axe binaire

Second argument : les cristaux se maclent suivant la face $(10\bar{1}2)$, faisant avec l'axe binaire un angle de 54° 38' : c'est un groupement inexplicable dans l'hypothèse d'un cristal hexagonal ; si, au contraire, le cristal est considéré comme cubique, cette face de groupement est un plan limite coïncidant avec l'une des faces du rhombododécaèdre, qui, dans le cube, fait avec l'axe ternaire un angle de 54° 44'. La déformation n'est donc que de 6'.

Enfin un troisième, qui, lui est démonstratif, est tiré de la belle expérience de MM. Mallard et Le Châtellier. Quand on chauffe l'Iodargyrite, elle devient cubique à la température de 146°, et le phénomène est réversible. Elle peut même être cubique à une température quelconque, la température de transformation s'abaissant avec la pression. Le passage d'une forme à l'autre s'effectuant sans autres cassures que celles résultant d'une inégalité d'échauffement, il faut bien que le réseau, cubique au-dessus de 146°, soit ternaire et non sénaire au-dessous de cette température. La déformation du réseau est précisément mesurée par le rapport 1,2294 qui, dans le réseau cubique, est égal à 1,2247.

Les soi-disant formes cristallines hexagonales observées dans l'Iodargyrite résultent donc simplement de la combinaison de deux formes ternaires. L'isocéloèdre $(10\bar{1}1)$ résulte de la combinaison de deux rhomboèdres $(1\bar{0}11)$ et $(01\bar{1}1)$, dont les faces font avec l'axe ternaire un angle égal à 35° 10' au lieu de 35° 16', comme cela a lieu dans un cristal cubique. De même la coexistence des rhomboèdres $(20\bar{2}1)$

(0221), dont les faces font avec l'axe ternaire un angle 19° 24 au lieu de 19° 28 donne un faux isocéloèdre.

D'autre part, la Wurtzite présente, dans ses formes cristallines, un axe sénaire, et le rapport de cet axe à l'axe binaire est égal à 1,2262. Mais la Blende, de même composition, possède un réseau cubique et, quand on la chauffe, elle se transforme en Wurtzite. Celle-ci possède donc, non pas un réseau sénaire, mais bien un réseau ternaire.

On voit comment un axe ternaire peut prendre l'apparence d'un axe sénaire. J'ai déjà émis ailleurs cette opinion qu'il n'existait pas d'axe sénaire et j'ai proposé, pour expliquer l'apparence sénaire, l'explication suivante : les axes ternaires sont, comme on le sait, des axes binaires de groupement et, par suite, dans un tel groupement, l'axe ternaire devient un axe sénaire. Cette explication s'applique à certains cas, tels que la néphéline; mais, en définitive, elle n'est pas nécessaire, comme nous le montrent les exemples que je viens de citer.

Je vais maintenant montrer qu'un axe ternaire approché peut, en apparence, jouer le rôle d'un axe binaire. Le chlorate et le bromate de soude qui, comme nous l'avons vu, présente une forme cubique et une forme rhomboédrique voisin de 107° 6' sont, en réalité, trimorphes. Ils cristallisent en cristaux soi-disant orthorhombiques, dont l'angle de base est compris entre 118° et 120°. Ils possèdent donc tout au moins un axe ternaire approché, et on les considère comme quasi hexagonaux, l'axe sénaire étant par suite d'une légère déformation réduit à l'ordre d'axe binaire. Or ces cristaux se transforment spontanément, sans perdre leur transparence, en cristaux cubiques, et, de plus, la transformation peut se faire au moyen d'une étape intermédiaire. Ils passent d'abord à l'état de rhomboèdre de 106°, dont l'axe ternaire coïncide avec leur axe ternaire approché, puis ces rhomboèdres, à leur tour, se transforment en cristaux cubiques, comme il a été dit plus haut. Il résulte nettement de ces observations que les cristaux soi-disant orthorhombiques ont un réseau quasi cubique, dont un axe ternaire est parallèle à leur hauteur ; ils n'ont qu'un axe binaire parallèle à la petite diagonale du losange de base ; les deux autres axes ne sont que des axes de symétrie apparente.

Je rappellerai que l'étude des propriétés électriques et des figures de corrosion faites par MM. Hankel et Beckenkamp, amène à la même conclusion pour l'Aragonite, et j'ai étendu leur résultat à la Strontianite et, par suite, à tous les carbonates orthorhombiques. Fréquemment d'ailleurs, les cristaux de ces substances sont maclés suivant les plans (001) et (010), ce qui entraîne la symétrie orthorhombique dans le *groupement*, chacun des cristaux étant monoclinique.

Comme nous le verrons, un grand nombre de cristaux considérés comme orthorhombiques rentrent dans cette catégorie.

Avant d'aborder l'étude de cas plus complexes, il est nécessaire de donner une définition précise des éléments de symétrie apparente et d'établir quelques-unes de leurs propriétés.

Définition. — Une rangée est susceptible d'être un axe de symétrie apparente d'ordre n, lorsqu'une rotation du réseau de $\dfrac{2\pi}{n}$ autour de cette rangée amène un plan réticulaire quelconque à coïncider avec un autre plan réticulaire, sans que le réseau se retrouve en coïncidence avec lui-même.

Cette définition, il est vrai, est peut-être trop restreinte : il se pourrait, comme on le verra plus loin, qu'une rangée soit susceptible d'être un axe apparent d'ordre n, lorsqu'une rotation de $\dfrac{2\pi}{n}$ amène un plan réticulaire non pas à coïncider avec un autre plan, mais simplement à être parallèle à un autre plan réticulaire. Toutefois nous nous en tiendrons pour le moment à la première définition.

De cette définition résulte évidemment que, dans la rotation, une rangée quelconque vient en coïncidence avec une autre rangée, puisqu'une rangée peut toujours être considérée comme la droite d'intersection de deux plans réticulaires.

Théorème. — Les paramètres de deux rangées symétriques sont des quantités commensurables.

Considérons deux rangées symétriques passant par un nœud O de l'axe et soient A et A′ les nœuds de ces rangées limitrophes du nœud O. Considérons la totalité des plans réticulaires d'un système de plans parallèles entre eux. L'un d'eux passera par le nœud O, et un autre par le nœud A, et par conséquent on aura $OA = md$, m étant un nombre entier et d la longueur interceptée sur la rangée par deux plans limitrophes. Par la rotation la rangée OA viendra coïncider avec la rangée OA′, et les plans réticulaires viendront coïncider avec d'autres plans réticulaires, dont l'un passera par O et un autre par A′ ; on aura donc $OA′ = m′d$ et par suite :

$$\frac{OA}{OA′} = \frac{m}{m′}.$$

Théorème. — Un axe de symétrie apparente est perpendiculaire sur un plan réticulaire.

Considérons d'abord le cas où l'axe est d'ordre pair, et soient a, $a′$, les paramètres de deux rangées à 180° l'une de l'autre, se coupant en un nœud O de l'axe.

On a :

$$a = md$$
$$a′ = m′d$$

et par suite :

$$m′a = ma′.$$

Les points situés sur les deux rangées à cette distance commune sont des nœuds, et la droite qui les joint est évidemment une rangée perpendiculaire sur l'axe. Il y a donc une infinité de rangées perpendiculaires sur l'axe, qui, par suite, est lui-même perpendiculaire sur un plan réticulaire.

Supposons maintenant que l'axe soit d'ordre 3, les paramètres de trois rangées symétriques, se coupant en un nœud de cet axe, satisferont aux conditions :

$$a = md$$
$$a' = m'd$$
$$a'' = m''d$$

et, par suite, les points situés sur ces rangées, à une distance du nœud de l'axe égale à $m'.m''a = m.m''a' = m.m'a''$ seront trois nœuds, et le plan réticulaire passant par ces trois nœuds sera perpendiculaire sur l'axe.

Théorème. — Une rangée perpendiculaire sur un plan réticulaire est susceptible d'être un axe de symétrie apparente d'ordre pair.

Prenons cette rangée pour axe des z et deux autres rangées conjuguées pour axes des x et des y. Un plan réticulaire quelconque aura une équation de la forme :

$$q\frac{x}{a} + r\frac{y}{b} + s\frac{z}{c} = h.$$

L'équation d'un plan coupant l'axe des z au même point que le plan précédent pourra être mise sous la forme :

$$q'\frac{x}{a} + r'\frac{y}{b} + s\frac{z}{c} = h.$$

Il est facile de voir que ce plan sera à 180° du premier, si

q' et r' satisfont aux conditions :

$$q' = q - 2\,\frac{a}{c}\,s\,\cos\alpha,$$

$$r' = r - 2\,\frac{b}{c}\,s\,\cos\beta,$$

α et β étant les angles des axes de coordonnées xOz et yOz.

Pour que l'équation représente un plan réticulaire, il faut que q' et r' soient rationnels. Or, pour que l'axe z soit perpendiculaire sur un plan réticulaire (q'', r'', s''), il faut que l'on ait :

$$\frac{a\,\cos\alpha}{q''} = \frac{b\,\cos\beta}{r''} = \frac{c}{s''}.$$

On a donc par suite :

$$q' = q - 2s\,\frac{q''}{s''}$$

$$r' = r - 2s\,\frac{r''}{s''}$$

Les nombres q' et r' sont donc rationnels.

Lemme. — Il résulte de ce théorème qu'un axe ternaire proprement dit ou de symétrie apparente est susceptible d'être un axe binaire de symétrie apparente.

Théorème. — Dans le plan réticulaire perpendiculaire sur un axe de symétrie apparente d'ordre n les rangées font entre elles des angles égaux à $\dfrac{2\pi}{n}$.

Ce théorème résulte de ce que les plans réticulaires passant par l'axe font entre eux des angles égaux à $\dfrac{2\pi}{n}$ et coupent le plan réticulaire perpendiculaire sur l'axe suivant des rangées.

Application. — Considérons un édifice cristallin dont le réseau est ternaire.

Dans le plan perpendiculaire à l'axe ternaire, le réseau possède trois axes binaires et, en outre, il existe trois rangées, les grandes diagonales de la maille losangique du plan réticulaire, qui sont perpendiculaires sur les axes binaires. L'axe ternaire et ces trois grandes diagonales sont susceptibles d'être des axes binaires de symétrie apparente et, par suite, le cristal pourra présenter, dans ses formes cristallines et naturellement dans ses caractères optiques, l'apparence d'une symétrie sénaire.

Comme je l'ai déjà fait remarquer, cette symétrie apparente pourra se transformer en symétrie réelle par un groupement binaire, soit autour de l'axe ternaire, soit autour d'une grande diagonale, qui, comme on le sait, sont des axes possibles de groupement.

Supposons maintenant que la particule complexe se déforme légèrement de façon à ne plus posséder qu'un axe binaire. En général le réseau sera modifié; mais il pourra se faire que l'axe binaire, l'axe ternaire du réseau et la grande diagonale restent perpendiculaires deux à deux. L'axe ternaire et la grande diagonale resteront des axes possibles de symétrie apparente, en même temps qu'ils seront, le premier un axe sénaire de groupement, et la seconde un axe binaire de groupement. Le cristal, quoique monoclinique, paraîtra donc orthorhombique, et cette symétrie orthorhombique pourra s'obtenir par un groupement, que les caractères optiques ne pourront déceler, puisque les cristaux groupés seront symétriquement orientés par rapport à des axes de symétrie de l'ellipsoïde d'élasticité.

Mais il est un cas particulièrement intéressant, c'est celui où la distance des plans réticulaires normaux à l'axe ternaire est égale à celle des plans réticulaires normaux à l'axe binaire. Dans un réseau ternaire, il y a deux plans réticulaires normaux entre deux nœuds de l'axe ternaire, et un seul entre deux nœuds de l'axe binaire. Si donc on désigne par d la distance commune des plans réticulaires, les paramètres de la grande diagonale, de l'axe binaire et de l'axe ternaire, seront respectivement :

$$2d\sqrt{3} : 2d : 3d.$$

Le rapport du paramètre de l'axe ternaire à celui de la grande diagonale est donc $\dfrac{3d}{2d\sqrt{3}} = \dfrac{\sqrt{3}}{2}$; si ce rapport était égal à $\sqrt{3}$, l'axe binaire serait aussi un axe ternaire ; par suite du facteur $\dfrac{1}{2}$, cet axe binaire est simplement un axe ternaire de symétrie apparente.

On voit donc que dans ce cas :

L'axe ternaire peut être un axe binaire de symétrie apparente ;

L'axe binaire peut être un axe ternaire de symétrie apparente ;

La grande diagonale peut être un axe quaternaire de symétrie apparente.

Remarquons de suite que la grande diagonale pourra d'autant plus facilement être prise pour un axe quaternaire que les rapports de son paramètre aux paramètres des deux autres axes sont : $\dfrac{2\sqrt{3}}{3}$, $\sqrt{3}$, et que, par conséquent, en multipliant soit le premier par $\dfrac{3}{2}$, soit le second par $\dfrac{2}{3}$, on obtiendra le même nombre par ces deux rapports.

Le tableau suivant donne les angles de deux faces parallèles à l'un des axes et symétriques par rapport aux deux plans passant par cet axe et l'un des deux autres. Les caractéristiques sont prises par rapport aux trois axes, la grande diagonale étant l'axe des x, l'axe binaire l'axe des y, et l'axe ternaire l'axe des z.

Faces de la zone ayant pour axe l'axe ternaire.

	Angles sur l'axe binaire	Angles sur la grande diagonale
$(110)\ (\bar{1}10)$	120°	60°
$(210)\ (\bar{2}10)$	81° 48′	98° 12′
$(120)\ (\bar{1}20)$	147° 48′	32° 12′
$(310)\ (\bar{3}10)$	60°	120°
$(130)\ (\bar{1}30)$	158° 12′	21° 48′
$(320)\ (\bar{3}20)$	98° 12′	81° 48′
$(230)\ (\bar{2}30)$	137° 54′	42° 6′

Faces de la zone ayant pour axe l'axe binaire.

	Angles sur l'axe ternaire	Angles sur la grande diagonale
$(101)\ (\bar{1}01)$	98° 12′	81° 49′
$(201)\ (\bar{2}01)$	60°	120°
$(102)\ (\bar{1}02)$	133° 10′	46° 50′
$(301)\ (\bar{3}01)$	42° 6′	137° 34′
$(103)\ (\bar{1}03)$	147° 48′	32° 12′
$(302)\ (\bar{3}02)$	75° 50′	104° 50′
$(203)\ (\bar{2}03)$	120°	60°
$(401)\ (\bar{4}01)$	32° 12′	147° 48′
$(403)\ (\bar{4}03)$	81° 48′	98° 12′
$(803)\ (\bar{8}03)$	46° 50′	133° 10′

Faces de la zone ayant pour axe la grande diagonale.

	Angles sur l'axe ternaire	Angles sur l'axe binaire
(011) (0$\bar{1}$1)	67° 24′	112° 36′
(021) (0$\bar{2}$1)	36° 52′	143° 8′
(012) (0$\bar{1}$2)	106° 16′	73° 44′
(031) (0$\bar{3}$1)	25° 4′	154° 56′
(013) (0$\bar{1}$3)	126° 52′	53° 8′
(032) (0$\bar{3}$2)	47° 56′	132° 4′
(023) (0$\bar{2}$3)	90°	90°

Dans ce tableau, on a souligné les caractéristiques des faces susceptibles d'être des plans de macles, soit que ces faces fussent réellement des plans limites, soient qu'elles fussent perpendiculaires sur un plan limite passant par un axe binaire.

De la considération de ce tableau résultent plusieurs conséquences intéressantes à signaler. Et d'abord les angles des faces de la zone ayant pour axe la grande diagonale sont précisément ceux que l'on rencontre dans un cristal quadratique pour les faces parallèles à l'axe quaternaire.

En second lieu, les mêmes angles se retrouvent dans les deux autres zones. Bien plus, les plans de macle (001), ($\bar{3}$10), (100), (110) de la première font entre eux les mêmes angles de 90° et de 120° que les plans de macle (001), ($\bar{2}$01), (100), (203) de la deuxième zone.

Si les particules complexes se disposant suivant les nœuds de ce réseau sont ternaires, le cristal sera lui-même ternaire et ne présentera rien de particulier; mais si ces particules sont légèrement déformées, il en pourra résulter, pour le réseau, une déformation telle que le rapport des paramètres de l'axe ternaire et de l'axe binaire soit encore égal à 3/2. Dans ce cas, l'axe ternaire ne sera plus qu'un axe de groupement, et la grande diagonale sera susceptible d'être un axe quaternaire de symétrie apparente. Les faces de notation (001) et (010) donneront naissance à un prisme quadratique, et les faces (310), ($\overline{3}$10), (201), ($\overline{2}$01) formeront un octaèdre quadratique, dont l'angle au sommet sera environ de 120°, dont les faces, à l'exception de (201), seront des plans de macle. En outre les faces (310), ($\overline{3}$10) coupent la face ($\overline{2}$01) suivant deux arêtes qui sont des axes quaternaires de groupements ; car, en rapportant ces faces aux arêtes de la forme primitive, on leur trouve pour notation respectivement (10$\overline{1}$), ($0\overline{1}$1), (001). Les deux arêtes de l'octaèdre sont donc précisément deux arêtes de la forme primitive, c'est-à-dire deux axes de groupement quaternaire.

Dans ce qui précède, pour me conformer à la définition de la symétrie apparente, j'ai dû supposer que la forme primitive se confondait avec la maille du réseau ; à cette condition seule, en effet, un plan réticulaire quelconque est ramené en coïncidence avec un autre plan réticulaire. Mais il en résulte, pour la maille du réseau, une assez forte déformation, plus forte que celle observée dans la majeure partie des cristaux. Si, au contraire, on admet que la symétrie apparente autour d'une rangée puisse se produire quand, par une rotation, un plan réticulaire quelconque est amené à être parallèle à un autre plan réticulaire, il est possible de présenter les considérations précédentes d'une façon un peu différente. Si, en effet, la forme primitive du cristal rentre dans le type $\dfrac{5\sqrt{3}}{4\sqrt{2}}$, le paramètre de l'axe ternaire du réseau est voisin de $\dfrac{\sqrt{3}}{\sqrt{2}} = 1{,}224$. En particulier s'il est égal à $1{,}200 = \dfrac{6}{5}$, le paramètre de la forme primitive sera 3/2, autrement dit la maille du réseau sera voisine d'un rhomboèdre de 90° 47' et la forme primitive sera voisine d'un rhomboèdre de 82° 50'. Dans ces conditions, tout ce qui a été dit précédemment se rapportera exclusivement à la forme primitive.

Rutile. — Le Rutile est un exemple frappant du cas qui vient d'être examiné. Ce minéral, au lieu d'être quadratique, comme on l'admet généralement, est, en réalité, un édifice monoclinique quasi ternaire, l'axe ternaire étant l'un des axes considérés comme binaires. Le soi-disant axe quaternaire n'est qu'un axe de symétrie apparente et coïncide dans le réseau avec la grande diagonale de la maille dont le plan est perpendiculaire sur l'axe ternaire. L'autre axe binaire du Rutile est bien un axe binaire, en ce sens qu'il est à la fois un axe binaire du réseau et de la particule complexe.

Il y a bien longtemps que l'on a constaté l'association du Rutile avec des cristaux ternaires ou quasi ternaires et, dans ces associations, les deux espèces minérales ont une orientation déterminée l'une par rapport à l'autre. C'est ainsi que les cristaux de Rutile sont fréquemment associés à la Chlorite, à la Biotite, l'axe considéré comme quaternaire étant parallèle à la base hexagonale de ces minéraux et perpendiculaire sur l'un quelconque des côtés. Mais c'est surtout l'association du Rutile et du fer oligiste qui est bien connue : signalée par Breithaupt, elle a été étudiée par G. vom Rath dans le tome premier du *Zeitschrift für Krystallographie und Mineralogie.* Sans d'ailleurs tirer aucune conclusion de ses résultats, vom Rath compara les angles des faces dans les deux minéraux.

Les cristaux de Rutile, présentant en particulier les faces du prisme (100) et celles de l'octaèdre (101), sont implantés sur des tables hexagonales de fer oligiste de façon qu'une de leur face (100) soit appliquée sur la face (0001) du second minéral et que leurs axes soient perpendiculaires aux arêtes

(0001) (10$\overline{1}$1) de ce dernier. Dans certains cas, à ces cristaux s'en ajoutent d'autres, orientés à 60°, et dont les axes
sont perpendiculaires sur les arêtes (0001) (01$\overline{1}$1) du fer
oligiste. Considérons l'un des premiers, ses faces (010),
parallèles à l'axe ternaire du fer oligiste, coïncident avec
un plan de symétrie de celui-ci, une face (101) de l'octaèdre,
faisant avec (100) et, par suite, avec (0001) un angle de
122° 47′, coïncide sensiblement avec la face ($\overline{1}$011) du fer
oligiste, qui fait avec (0001) un angle de 122° 23′, tandis que
la face ($\overline{1}$01) coïncide à peu près avec la face (0$\overline{1}$11). De
même une face de l'octaèdre (221) du Rutile se trouve à
peu près dans le prolongement de l'une des faces de l'isocéloèdre (22$\overline{4}$3), car ces faces font respectivement avec (0001)
des angles égaux à 118° 46′ et 118° 26′. La concordance est
un peu moins nette pour d'autres faces; c'est ainsi que les
faces de l'octaèdre (011) et (0$\overline{1}$1), qui passent par l'axe ternaire, font avec la face (010) appartenant à la même zone
des angles de 57° 13′, tandis que, dans le fer oligiste, les deux
plans de symétrie qui leur correspondent font avec la même
face des angles de 60°.

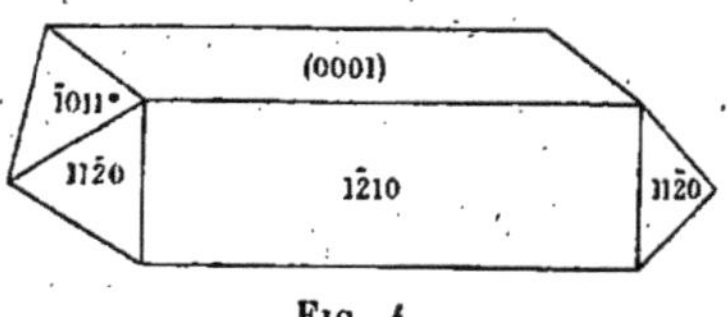

Fig. 4.

La relation des faces des deux minéraux est d'ailleurs
exprimée dans la figure ci-jointe (*fig.* 4) représentant un cristal de Rutile dont les faces portent la notation des faces
correspondantes du fer oligiste; on peut également l'expri-
mer de la façon suivante en prenant pour axe de coordonnée

dans le système rhomboédrique, au lieu de trois axes binaires,
un axe binaire et la grande diagonale perpendiculaire.

Rutile	Fer oligiste	
(100)	(0001) $=$	(001)
(010)	($1\bar{2}10$)	(010)
(101)	($\bar{1}011$)	($\bar{2}01$)
($0\bar{1}1$)	($\bar{1}\bar{1}20$)	(310)

De cette concordance entre les angles, il résulte que les
réseaux des deux minéraux doivent être très voisins et que,
par suite, le soi-disant axe binaire du Rutile parallèle à l'axe
ternaire du fer oligiste doit être, en réalité, un axe ternaire
approché du réseau et, par suite, un axe de même ordre de
la particule complexe. Cet axe doit donc être un axe de
groupement d'ordre 3 et, en effet, les cristaux associés au
fer oligiste, à la Chlorite, etc., ne sont pas toujours indé-
pendants les uns des autres. Fréquemment ils se pénètrent
et forment des groupements de deux, de trois cristaux à
60 ou 120 degrés l'un de l'autre. Cette association a été
décrite sous le nom de Sagénite.

En second lieu, trois des faces de l'octaèdre ayant
pour notation (101), ($0\bar{1}1$), (011) doivent être des plans
limites et, par suite, des plans de groupements. Or chacun
sait que la macle la plus fréquemment observée chez le
Rutile a pour plan d'association une des faces de l'octaèdre.
Bien plus, si, en général, les macles se répètent plusieurs fois,
de façon que les axes soi-disant quaternaires des cristaux
soient dans un même plan, cela tient à ce que la face (101)
n'est pas un plan de macle au même titre que les deux
autres, qui, au contraire, ont la même valeur à ce point de
vue.

En troisième lieu, le plan réticulaire passant par l'axe

ternaire et faisant avec le plan (011) un angle voisin de 30°
doit être un plan limite, c'est-à-dire un plan de groupement.
Or on connaît une macle suivant le plan désigné habituellement par la notation (301), qui fait avec le plan (011) un
angle de 29° 51′.

En quatrième lieu, les arêtes d'intersection des faces ($\overline{2}$01),
(310) c'est-à-dire deux des arêtes de l'octaèdre (101) doivent
être des axes quaternaires de groupement, et, en effet, ce
groupement a été indiqué à plusieurs reprises. G. Rose a
observé un échantillon de Grave's Mountain formé de huit
secteurs assemblés autour d'un axe parallèle à une arête
culminante de l'octaèdre (101); cet assemblage, représenté
(*fig.* 5), donne une sorte de scalénoèdre à 16 faces, dont

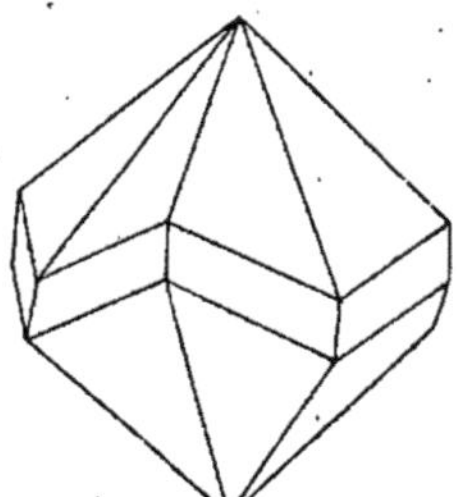

Fig. 5.

chaque pyramide octogonale est composée de faces (100) se
coupant sous un angle de 114° 30′ et dont les arêtes en zigzag sont tronquées par la face (110).

D'autre part von Rath décrit un groupement de huit cristaux provenant de Magnet Cove. Les cristaux sont dispo-
sés symétriquement autour de la même arête, mais ne
portent que les faces (120) (*fig.* 6).

M. Hautefeuille a reproduit artificiellement ce groupement.
L'acide titanique amorphe, chauffé à une température voisine de 1.000° dans un bain de tungstate de soude, est atta-

qué par ce sel, et l'on constate, après plusieurs heures
d'action du tungstate, la formation de petits prismes colorés
en bleu par le sesquioxyde de titane. Ces cristaux prisma-

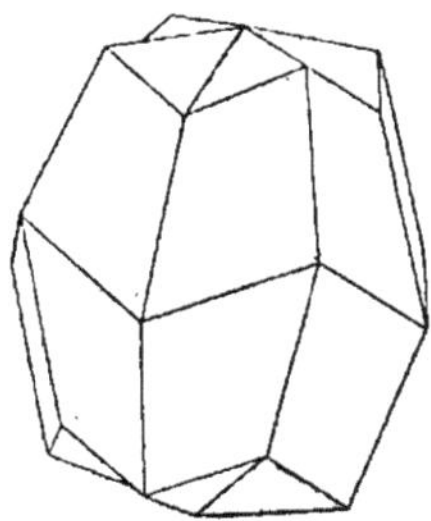

Fig. 6.

tiques sont des édifices cristallins complexes ; ils présentent
sur leurs faces les stries en zigzag de la macle décrite par
G. Rose. Ces cristaux (*fig.* 7) ne portent généralement que

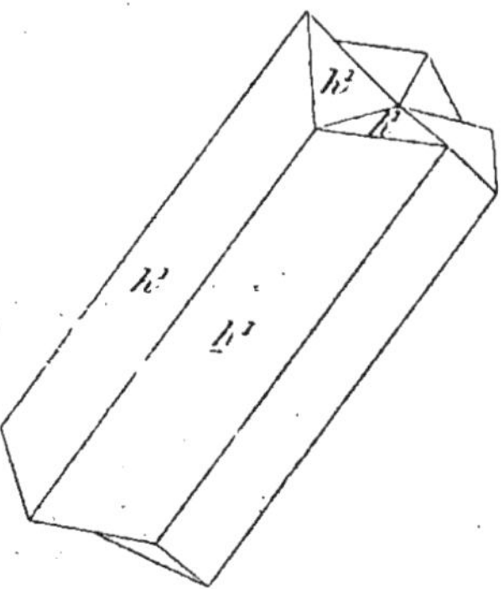

Fig. 7.

les faces (110). Une section perpendiculaire sur l'axe du
groupement montre huit secteurs triangulaires s'éteignant
parallèlement à leur base.

Enfin, en faisant agir de l'acide chlorhydrique sous une pression de trois atmosphères sur de l'acide titanique amorphe, renfermé dans un tube dont la température varie d'une extrémité à l'autre entre 500 et 700°, M. Hautefeuille a obtenu une quatrième forme de cette macle. Ces cristaux, de très petites dimensions, affectent la forme de prismes

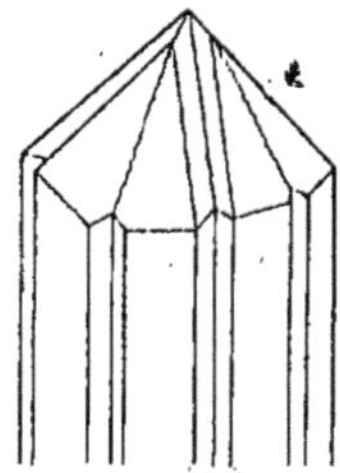

Fig. 8.

octogonaux (*fig.* 8), terminés par les faces d'un octaèdre. Entre deux de celles-ci se trouve une cannelure formée de deux petites facettes et se continuant le long du prisme. De plus, chaque face de l'octaèdre présente en son milieu une ligne de suture très nette se continuant également sur le prisme par une cannelure.

Du mode d'association du Rutile avec le fer oligiste d'une part, de ces groupements de l'autre, il résulte donc, d'une façon absolument concluante, que le réseau du Rutile n'est pas quadratique. Au contraire un des axes soi-disant binaire est un axe quasi ternaire, l'autre axe binaire est bien un axe binaire, et le soi-disant axe quaternaire est la grande diagonale de la maille losangique perpendiculaire sur l'axe ternaire. Dans les formes cristallines, l'apparence quadratique est possible, grâce à ce fait que, par rotation égale à $\frac{\pi}{4}$ autour de cette grande diagonale, un plan réticulaire vient coïncider avec un autre plan réticulaire ou tout au moins vient prendre une position parallèle à celle d'un autre plan réticulaire. Le Rutile est donc tout au plus monoclinique.

Quant aux paramètres, on doit, comme d'habitude, les rapporter à l'axe binaire. Celui de l'axe ternaire est alors égal à $\frac{3}{2} = 1,5$, puisque la distance des plans réticulaires perpendiculaires sur l'axe ternaire est égale à celle des plans perpendiculaires sur l'axe binaire.

Quant au paramètre de la grande diagonale, il est égal à 3 tang 32° 47′ 16″ = 1,9325.

Les paramètres du réseau, en admettant que sa maille ne se confonde pas avec la forme primitive, sont :

$$1,9325 : 1 : 1,2$$

Le réseau du Rutile est donc monoclinique; mais le Rutile est lui-même mériédrique; car, comme on le sait, on a rencontré des cristaux qui ne présentaient pas les mêmes formes cristallines aux deux extrémités de l'axe quaternaire apparent. Il est même probable que c'est cette mériédrie qui, au point de vue cristallographique, distingue le Rutile de l'Anatase. Mais, comme on ne connaît aucun groupement de ce dernier minéral, il est fort difficile d'être affirmatif sur ce point.

Explication de la symétrie apparente. — Une rangée, avons-nous dit, est un axe de symétrie apparente, lorsque les faces cristallines se reproduisent symétriquement par rapport à elles, lorsqu'elle est un axe de symétrie de même ordre pour l'ellipsoïde d'élasticité optique, sans être cependant un axe de symétrie du même ordre dans le réseau, et, par suite, dans la particule complexe. Pour que cette symétrie soit réalisée, le réseau doit satisfaire à une condition : des plans réticulaires non identiques doivent se reproduire symétriquement par rapport à la rangée considérée ; mais c'est là une conséquence et non la cause de la symétrie apparente, qui doit être recherchée dans la nature de la particule complexe.

Dans l'état actuel de la science, il nous est impossible de remonter jusqu'à la cause première ; mais nous sommes à même de faire faire un pas à la question, grâce à l'observation de certains faits. C'est ainsi que les rangées qui jouent, dans certains cas, le rôle d'axe de symétrie apparente, sont précisément celles qui, dans un cristal cubique, sont des axes de groupement sans être susceptible de devenir des éléments de symétrie de même ordre dans la particule complexe, c'est-à-dire les axes ternaires et les normales aux faces du trapézoèdre (211). La tendance à se grouper suivant ces droites varie d'une espèce minéralogique à l'autre ; elle est très marquée chez certaines, qui présentent presque toujours ces groupements. C'est là un fait qui ne peut s'expliquer que d'une façon ; en admettant que la particule complexe exerce sur les milieux extérieurs des actions à peu près identiques dans deux orientations symétriques par rapport à ces axes. Nous sommes donc tout naturellement amenés à concevoir le cas où ces actions diffèrent si peu que l'influence de ces différences sur les rapports du corps cristallisé avec les milieux extérieurs disparaisse.

Or, si les éléments de symétrie de la particule complexe se retrouvent dans les formes cristallines, cela provient, comme l'a montré Bravais, de ce que le corps cristallisé, possédant cet élément de symétrie, exerce, par cela même, des actions symétriquement égales sur le milieu cristallogène. De même, l'élément de symétrie de la particule complexe se retrouve dans l'ellipsoïde d'élasticité optique, parce que le corps cristallisé modifie, d'une façon symétrique, l'élasticité de l'éther.

Mais, puisque nous avons été amenés à attribuer à un axe ternaire ou à une rangée [211], les propriétés mécaniques d'un élément de symétrie, le résultat doit être le même pour eux, et ces éléments de symétrie mécanique doivent se retrouver dans les formes cristallines et dans l'ellipsoïde d'élasticité optique.

Mais alors une question se pose subsidiairement ; on est en droit de se demander si, dans un tel édifice cristallin, toutes les particules complexes sont parallèles, ou si elles ne prennent pas indifféremment les positions symétriques ; c'est là une question à laquelle il est impossible de répondre d'une façon absolue, puisque nous ne pouvons connaître de la structure du corps cristallisé que par ses actions sur les milieux extérieurs, et que, dans les deux cas, les effets sont identiques. Mais cependant on peut faire remarquer qu'admettre une orientation différente pour les particules complexes disposées suivant un même réseau, c'est attribuer au corps cristallisé une structure toute spéciale, échappant à la définition d'homogénéité, inconvénient que ne présente pas la première hypothèse.

Nous sommes donc, en définitive, amenés à cette conclusion générale :

Tous les éléments de symétrie limite d'une particule complexe quasi cubique sont susceptibles de se retrouver comme éléments de symétrie réelle ou apparente dans les corps cristallisés. Bien entendu, ils ne peuvent tous coexister simultanément ; certains s'excluent : un axe sénaire de symétrie apparente, par exemple, excluera les axes quaternaires et les autres axes ternaires.

Mais un axe sénaire ne sera jamais qu'apparent et si l'on base la distinction des systèmes cristallins sur la nature du réseau, on doit rejeter d'une façon définitive le sytème hexagonal.

NOTATIONS DES ÉLÉMENTS DE GROUPEMENTS DANS LES DIFFÉRENTS SYSTÈMES CRISTALLINS.

Système cubique. — Comme j'ai eu déjà l'occasion de le rappeler, dans un cristal holoédrique de ce système, les éléments de groupements sont les suivants :

Les faces susceptibles d'être des plans de macle sont celles :

1° De l'octaèdre (111) ;
2° Du trapézoèdre (211).

Les axes sont :

1° Les axes ternaires [111] comme axes binaires ;
2° Les rangées [211] normales aux faces du trapézoèdres, également comme axes binaires.

Dans les cristaux mériédriques à ces éléments, s'ajoutent les éléments du réseau déficients à la particule complexe.

Système quadratique. — Nous prendrons, comme axe vertical, l'axe quaternaire, et, pour axes horizontaux, les deux axes binaires correspondant aux axes quaternaires. La forme primitive est un prisme quadratique dont les faces sont perpendiculaires sur les axes précédents et non à 45°, comme on les choisit habituellement.

Les cristaux peuvent se grouper symétriquement par rapport aux faces :

1° De l'octaèdre b^1 (011) ;
2° De l'octaèdre a^1 (111) ;
3° De l'octaèdre a^2 (112) ;
4° Du dioctaèdre $(b^1 b^{1/2} h^1)$ (211).

Les rangées susceptibles d'être des axes de groupement sont les suivantes :

1° Les rangées [100], [010], autour desquelles deux cristaux peuvent être orientés à 90° ;
2° Les rangées [111], qui peuvent être des axes binaires et des axes ternaires ;
3° Les quatre rangées [011], qui peuvent être des axes binaires ;
4° Les quatre rangées [112], qui peuvent être des axes binaires ;
5° Les huit rangées [121], qui peuvent être des axes binaires.

Bien entendu, dans les cristaux mériédriques, les éléments de symétrie disparus peuvent s'ajouter aux précédents, comme éléments de groupement.

Système ternaire. — Si on prend, comme axe de coordonnées, l'axe ternaire et trois axes binaires perpendiculaires, les faces de groupement seront les faces :

1° Du rhomboèdre $(10\bar{1}1)$;
2° Du rhomboèdre $(01\bar{1}2)$;
3° Du rhomboèdre $(02\bar{2}1)$;
4° Du rhomboèdre $(10\bar{1}4)$;
5° Du prisme $(01\bar{1}0)$;
6° Du scalénoèdre $(12\bar{3}2)$;

Les axes de groupement possibles seront les rangées :

1° $[\bar{2}111]$, comme axes quaternaires ;
2° $[0001]$, comme axe binaire ;
3° $[4\bar{2}\bar{2}1]$, comme axes binaires et axes ternaires ;
4° $[\bar{1}2\bar{1}2]$, comme axes binaires ;
5° $[3\bar{3}40]$, comme axes binaires ;
6° $[\bar{4}5\bar{1}2]$, comme axes binaires ;

Ces caractéristiques se déduisent de celles rapportées aux arêtes de la forme primitive au moyen des formules suivantes :

Pour les plans, on a :

$$q' = q - r$$
$$r' = r - s$$
$$t' = s - q$$
$$s' = q + r + s$$

et pour les rangées :

$$m' = -2m + n + p$$
$$n' = m - 2n + p$$
$$o' = m + n - 2p$$
$$p' = m + n + p$$

A ces éléments s'ajouteront les éléments de symétrie du réseau déficients à la particule complexe.

Système orthorhombique. — Dans ce système, il y a deux cas à considérer, les trois axes binaires pouvant représenter les trois axes quaternaires d'un cristal cubique, ou bien un seul des axes binaires représentant un axe quaternaire, les deux autres étant homologues de deux axes binaires du cristal cubique.

Dans le premier cas, la forme primitive est un prisme droit à base rectangulaire, et les paramètres sont sensiblement égaux à 1.

Dans le second, la forme primitive est un prisme droit à base losangique, dont l'angle est voisin de 90°, et si l'on prend pour axe vertical l'axe correspondant à l'axe quaternaire, son paramètre est sensiblement égal à $\dfrac{1}{\sqrt{2}} = 0,707$, les paramètres des deux autres axes étant égaux à l'unité.

Dans le premier cas, les éléments de groupement ont même notation que dans le système quadratique; les seules différences à signaler consistent en ce que : 1° le dioctaèdre (221) se décompose en deux octaèdres; 2° les plans (110) et les rangées [110] sont susceptibles de devenir des éléments de groupements.

Dans le second cas, les notations changent et, pour les obtenir, il faut remplacer les caractéristiques q, r des faces par les valeurs q' et r', telles que $q' = q + r$, $r' = q - r$ et les caractéristiques m, n des rangées par les valeurs :

$$m' = m - n \qquad \text{et} \qquad n' = m + n.$$

Système monoclinique. — Il n'y a plus lieu, dans ce système de donner les caractéristiques des éléments de groupement, puisqu'il n'y a plus qu'un axe de coordonnées qui soit déterminé, l'axe binaire; les deux autres pouvant varier d'un grand nombre de façons, il y aurait ainsi un trop grand nombre de cas à examiner. Il est, cependant, un cas particulier qui se retrouve fréquemment, celui d'un cristal monoclinique de symétrie apparente orthorhombique. Les deux axes binaires de symétrie apparente sont un axe quasi ternaire et la normale au plan passant par cet axe quasi ternaire et l'axe binaire. Nous prendrons cette normale pour axe des x, l'axe binaire pour axe des y, l'axe quasi ternaire pour axe vertical.

Les caractéristiques se déduiront de celles relatives aux axes quaternaires au moyen des relations :

$$q' = q + r - 2s$$
$$r' = r - q$$
$$s' = q + r + s.$$

On déduit ainsi :

1° Des faces du cube :

$$(1\bar{1}1), (111) (\bar{2}01) ;$$

2° Des faces du rhombododécaèdre :

$$(101), (11\bar{2}), (\bar{1}12), (010), (3\bar{1}0), (310) ;$$

3° Des faces de l'octaèdre :

$$(001), (\bar{2}21), (22\bar{1}), (401) ;$$

4° Des faces du trapézoèdre :

$$(1\bar{1}4), (\bar{1}02), (114), (\bar{1}10), (\bar{1}00), (110), (1\bar{3}\bar{2}),$$
$$(1\bar{3}\bar{2}), (2\bar{1}\bar{1}), (21\bar{1}), (512), (5\bar{1}2).$$

Toutes ces faces étant deux à deux symétriques par rapport au plan de symétrie (010).

Système triclinique. — Aucun des axes n'étant déterminé, il n'y a pas lieu d'examiner ici tous les cas particuliers susceptibles de se présenter dans la pratique.

Mais, bien entendu, dans tous les systèmes, les angles que font entre eux les plans de macles varient suivant le type de la forme primitive du corps cristallisé.

DEUXIÈME PARTIE.

DÉTERMINATION DES CONSTANTES CRISTALLOGRAPHIQUES.

Dans cette seconde partie de mon travail, je me propose d'appliquer les résultats précédents à la détermination rationnelle des constantes cristallographiques des cristaux les plus connus.

Il s'agit de déterminer, par l'examen des groupements, la nature de la forme primitive et de calculer ses paramètres.

La connaissance des groupements est indispensable pour reconnaître la forme primitive ; sans eux, on ne peut que faire des suppositions souvent très justifiées, sans doute, mais toujours sujettes à caution. Or bien peu nombreux sont les corps dont les groupements ont été étudiés avec soin. On a toujours jusqu'ici considéré les associations de cristaux comme n'ayant qu'un intérêt secondaire, sans portée théorique ; aussi bien souvent les éléments font défaut pour atteindre le résultat cherché. On peut jusqu'à un certain point appliquer la méthode employée jusqu'ici, c'est-à-dire s'appuyer sur la fréquence de certaines faces ; mais la détermination, dans ce cas, manque de rigueur, et il faut s'attendre à ce que l'observation des groupements vienne modifier les conclusions adoptées.

Dans la première partie de ce travail, j'ai été amené à distinguer trois types de formes primitives différant peu de rhomboèdres dont les axes ternaires ont respectivement pour paramètres :

$$\frac{\sqrt{3}}{\sqrt{2}}, \qquad \frac{2}{3}\frac{\sqrt{3}}{\sqrt{2}}, \qquad \frac{5}{4}\frac{\sqrt{3}}{\sqrt{2}}.$$

et que je désignerai par les qualificatifs de type disthène, type calcite et type diopside.

Il est fort probable qu'il en existe d'autres ; mais une étude plus approfondie des groupements pourra seule nous les révéler. Je suis donc obligé, pour le moment, de m'en tenir à ces trois types, entre lesquels je répartirai les cristaux que je vais étudier. Dans chacun des groupes ainsi définis par la forme primitive, je distinguerai les différents systèmes cristallins d'après la symétrie du *réseau*, en réunissant dans chacun des systèmes les cristaux qui possèdent une symétrie apparente plus élevée. Ainsi le Rutile a une forme primitive quasi cubique, une symétrie monoclinique et une symétrie apparente quadratique.

Bien entendu, ce n'est pas une classification de cristaux que je propose ; j'indique simplement l'ordre suivi dans l'exposition des résultats.

CRISTAUX DU TYPE DISTHÈNE.

Système cubique.

Tous les cristaux cubiques holoédriques ou à mériédrie élevée rentrent évidemment dans ce type, et l'observation nous apprend qu'il en est de même des cristaux ayant un réseau cubique et présentant une mériédrie restreinte, telle que la Boracite. Il n'y a donc rien de particulier à dire sur ce système.

Système quadratique.

Tous les cristaux ayant un réseau quadratique possèdent également une forme primitive qui se rapproche du cube. Il n'en peut être autrement, puisque les dièdres de cette forme primitive sont égaux à 90°. Ces cristaux sont d'ailleurs très peu nombreux, la plupart de ceux que l'on considère comme quadratiques n'ayant qu'une symétrie quaternaire apparente.

Voyons d'abord quels sont les angles que doivent faire sensiblement les faces de groupement.

La face p (001) doit faire, avec ces faces, des angles de

valeurs voisines de celles données ci-dessous :

avec l'octaèdre b^1 (011)	135°
avec l'octaèdre a^1 (111)	125° 16′
avec l'octaèdre a^2 (112)	144° 44′
avec le dioctaèdre $b^1 b^{1/2} h^1$ (211)	114° 6′

Chalcopyrite. — Ce minéral est hémiaxe dichosymétrique, c'est-à-dire que ses éléments de symétrie sont A^2, $2L^2$, $2P'$.

Le paramètre de l'axe vertical est : 0,98525.

Ses éléments de groupement sont :

1° a^1 (111) faisant avec p (001) un angle de 125° 40′ au lieu de 125° 16′ ;

2° b^1 (011) faisant avec p (001) un angle de 134° 26′ au lieu de 135° ;

3° L'axe A^2, autour duquel deux cristaux s'orientent à 90°.

Braunite. — Le paramètre de l'axe vertical est égal à 0,9850.

Les éléments de groupement sont :

b^1 (101) faisant avec p (001) un angle de 135° 26′ au lieu de 135° ;

a^1 (111) faisant avec p (001) un angle de 125° 44′ au lieu de 125° 16′.

Chiolite ($5NaFl3AlFl^3$). — Le paramètre de l'axe vertical est égal 1,0418.

Un seul plan de macle connu, le plan a^1 (111), tel que l'angle $a^1 a'^1 = 108°$ 23′ au lieu de 109° 28′.

Wulfenite. — Ce minéral ne possède qu'un axe quaternaire, et le paramètre de cet axe est égal à 1,57710. Mais la forme primitive a été choisie d'une façon tout à fait arbitraire, et il est facile de montrer que le réseau de cette substance est sensiblement cubique.

Remarquons, en effet, que la face (101), choisie arbitrairement pour définir la forme primitive, fait avec la face (001).

un angle de 57° 37′ 20″, c'est-à-dire un angle très voisin de l'angle 57° 41′ que fait, dans un cristal cubique, la face (312) avec la face (001). Si, conservant le même axe vertical, on prend pour axes dans le plan perpendiculaire deux rangées rectangulaires telles que la face (101) ait pour notation (312), on trouve sans difficulté que les caractéristiques habituelles q', r', s' sont reliées aux caractéristiques q, r, s, relatives aux nouveaux axes par les égalités :

$$q' = 3q + r$$
$$r' = q - 3r$$
$$s' = 5s$$

Il est ainsi facile de calculer les paramètres des faces par rapport aux nouveaux axes, et d'établir le tableau suivant, dans lequel la première colonne donne les caractéristiques habituelles des faces, la seconde leur angle dans la Wulfenite, la troisième leur caractéristique dans le nouveau système d'axe, et la quatrième, l'angle des faces déterminées par ces caractéristiques dans un cristal cubique.

Octaèdre	(101) (011)	73° 20′		(312) ($\overline{1}$32)	73° 24′
	(101) ($\overline{1}$01)	115° 15′		(312) ($\overline{31}$2)	115° 23′
Octaèdre	(111) ($\overline{1}$11)	80° 22′		(211) ($\overline{1}$21)	80° 24′
	(111) ($\overline{11}$1)	131° 42′		(211) ($\overline{21}$1)	131° 29′
Octaèdre	(113) ($\overline{1}$13)	49° 54′		(123) (2$\overline{1}$3)	49° 59′
	(113) ($\overline{11}$3)	73° 15′		(123) ($\overline{1}$23)	73° 24′
Octaèdre	(102) (012)	51° 56′		(314) ($\overline{1}$34)	52° 1′
	(102) ($\overline{1}$02)	76° 31′		(314) ($\overline{31}$4)	76° 39′
	(001) (101)	65° 51′		(001) (211)	65° 54′
	(001) (101)	57° 37′		(001) (312)	57° 41′
	(001) (102)	38° 15′		(001) (314)	38° 20′

Les différences, comme on le voit, ne sont que de quelques minutes, et les formes cristallines de la Wulfenite devront être considérées comme des formes obliques mériédriques d'un cristal sensiblement cubique.

Quant au paramètre de l'axe vertical rapporté au nouvel axe horizontal, il est égal à $\sqrt{\dfrac{2}{5}}$ tg $57° 37' 20''$, c'est-à-dire à 0,99745. On voit qu'il s'en faut de très peu que le réseau soit réellement cubique.

Il n'est pas inutile de faire remarquer que le prisme quadratique pris habituellement comme forme primitive a, en réalité, pour notation $(2\overline{1}0)$.

Le même type cristallin se retrouve dans la

Scheelite, dont le paramètre est :	0,97122
Gowellite — —	0,97680
Fergusonite — —	0,92609
Sipylite — —	0,93394

Système ternaire.

Dans le type que nous étudions maintenant, les angles caractéristiques des formes cristallines dont les faces sont susceptibles d'être des plans de macles, doivent avoir des valeurs voisines de celles indiquées ci-dessous :

$$(10\overline{1}1)\,(0\overline{1}11) = 90°$$
$$(01\overline{1}2)\,(1\overline{1}02) = 120°$$
$$(02\overline{2}1)\,(2\overline{2}01) = 70° 32'$$
$$(10\overline{1}4)\,(0\overline{1}14) = 146° 27'$$
$$(01\overline{1}0)\,(1\overline{1}00) = 120°$$
$$(12\overline{3}2)\,(21\overline{3}2) = 160° 49'$$
$$(12\overline{3}2)\,(\overline{3}212) = 96° 23'$$

Le paramètre de l'axé vertical doit être voisin de

$$\frac{\sqrt{3}}{\sqrt{2}} = 1.224$$; il est le même pour la forme primitive et la maille du réseau.

Cristaux ternaires à symétrie apparente sénaire.

Wurtzite. — Considéré comme hexagonal hémimorphique. Mais la Blende cubique se transforme en Wurtzite par la chaleur ; son réseau est donc cubique et non hexagonal.

Le paramètre habituellement donné est 0,81747 ; en réalité, il est égal à 1,22620, et la forme primitive est un rhomboèdre de 89° 56'.

Greenockite. — Le paramètre est égal à 1,21636, et la forme primitive est un rhomboèdre de 90° 16'.

Iodargyrite. — Ce minéral est considéré comme hexagonal hémimorphique avec $c = 0,81960$. Mais il présente des macles suivant les faces du rhomboèdre $(30\bar{3}4)$, dont l'angle est égal à 119° 50' et, par suite, assimilable au rhomboèdre de 120° du système cubique, ayant pour notation $(10\bar{1}2)$. On est donc amené à multiplier le paramètre vertical par $\frac{3}{2}$. Il devient ainsi égal à 1,2294, et la forme primitive est un rhomboèdre de 89° 51'.

Béryl. — Considéré comme hexagonal avec $c = 0,49885$. Mais cette valeur du paramètre est obtenue en prenant non pas le paramètre de l'axe binaire pour unité, mais celui de la rangée perpendiculaire. Le paramètre est, en réalité, égal à $0,49885 \times \sqrt{3} \times \frac{3}{2} = 1,29606$, et on a ainsi :

$$(0001)\ (10\bar{1}2) = 36°\ 48'\ \text{au lieu de}\ 35°\ 15'$$
$$(0001)\ (10\bar{2}1) = 71°\ 31' \qquad\qquad 70°\ 32'$$

Apatite. — Considéré comme hexagonal hémimorphe, avec $c = 0,734603$ et se maclant suivant la face $(11\bar{2}1)$. Mais, en réalité, le paramètre vertical est rapporté non pas à l'axe binaire, mais à la normale à cette axe, et le paramètre véritable est $0,734603 \times \sqrt{3} = 1,2724$. Le plan de macle prend pour symbole $(10\bar{1}1)$ et appartient à la forme primitive, rhomboèdre de 88° 34′.

Cristaux ternaires proprement dits.

Tellure : $(10\bar{1}1)\,(0\bar{1}11) = 86° 57′$, $c = 1,3298$.

Arsenic, $(10\bar{1}1)\,(0\bar{1}11) = 85° 6′$, $c = 1,4013$. — Macle suivant $(01\bar{1}2)$.

Antimoine $(10\bar{1}1)\,(0\bar{1}11) = 87° 7′$, $c = 1,32362$. — Même macle suivant (0112).

Bismuth $(10\bar{1}1)\,(0\bar{1}11) = 87° 40′$, $c = 1,3036$. — Même macle.

Hématite $(10\bar{1}1)\,(0\bar{1}11) = 86°$, $c = 1,36557$. — Macle suivant les faces (0001), $(10\bar{1}1)$, $(01\bar{1}0)$.

Corindon : 86° 4′, $c = 1,3630$. — Mêmes macles que le précédent.

Ilménite : 85° 31′, $c = 1,3846$. — Mêmes macles que le précédent.

Mélanocérite : 89° 4′, $c = 1,25537$.

Phénacite. — Le paramètre proposé habituellement est égal à 0,66107. Mais le rhomboèdre $(02\bar{2}1)$ a un dièdre égal à 87° 9′; si on le prend pour forme primitive, le paramètre devient : 1,32214.

Beudantite : 91° 18′, $c = 1,1842$.

Swanbergite : 90° 35′, $c = 1,2063$.

Alunite : 89° 10′, $c = 1,2520$.

Système terbinaire.

Dans ce système, nous avons deux types à considérer suivant que les axes horizontaux correspondent aux axes quaternaires ou aux axes binaires d'un cristal cubique. Les cristaux appartenant à ce système sont très peu nombreux. La plupart de ceux que l'on considère habituellement comme orthorhombiques, ne sont que monocliniques, avec deux axes binaires de symétrie apparente.

Premier type. — Dans ce type, la forme primitive est un prisme droit à base rectangle, dont les paramètres sont sensiblement égaux à l'unité.

Stibine : 0,99257 : 1 : 1,01788.

Bismuthine : 0,9679 : 1 : 0,9850.

Krennerite : 0,94071 : 1 : 1,00890.

Valentinite. — On adopte pour paramètre de ce minéral les valeurs 0,3910 : 1 : 0,3364 ; or, si l'on multiplie le premier par $\frac{5}{2}$ et le dernier par 3, on obtient : 0,9775 : 1 : 1,0092, valeurs voisines de l'unité, et la comparaison avec les angles d'un cristal cubique donne les résultats suivants, qui justifient parfaitement l'homologation :

(013) (0$\bar{1}$3) $=$	37° 11′ au lieu de	36° 52′
(023) (0$\bar{2}$3) $=$	67° 52′	67° 24′
(043) (0$\bar{4}$3) $=$	106° 46′	106° 16′
(520) ($\bar{5}$20) $=$	42° 41′	43° 36′
(506) ($\bar{5}$06) $=$	81° 25′	79° 36′

Deuxième type. — Dans ces cristaux, la forme primitive est un prisme orthorhombique, à base losangique, dont l'angle est voisin de 90°, et les paramètres sont sensiblement égaux à

$$1 : 1 : \frac{1}{\sqrt{2}} = 0,707.$$

Les caractéristiques q',r',s', relativement aux axes binaires, sont reliés aux caractéristiques relatives aux axes quaternaires par les égalités :

$$q' = q + r$$
$$r' = q - r$$
$$s' = s$$

Acanthite. — Les paramètres proposés sont :

$$0,6886 : 1 : 0,9944.$$

il suffit donc d'intervertir le premier et le troisième pour avoir des paramètres 0,9944 : 1 : 0,6886, voisins des paramètres théoriques. L'angle de la forme primitive est égal à 89° 40'.

Les cristaux se maclent suivant le plan (101), qui a pour notation relativement aux axes quaternaires (112) :

Diaphorite. — Les paramètres proposés sont :

$$0,49194 : 1 : 0,73447,$$

et en multipliant le premier par 2, on obtient :

$$0,98388 : 1 : 0,73447.$$

La forme primitive a pour angle 90° 50'. Les cristaux se maclent suivant les plans (120) et (122) ou en multipliant la première caractéristique par 2 (110), (111), c'est-à-dire relativement aux axes quaternaires (100), (101).

Leucophanite. — Paramètres : 0,99391 : 1 : 0,67217 ; sa forme primitive possède un angle de 89° 39'.

Comme les cristaux sont hémiédriques, ils se maclent suivant les trois faces de la forme primitive et donnent ainsi naissance à des groupements de huit cristaux, chacun d'eux occupant l'un des huit angles solides déterminés par les trois plans (110), ($\bar{1}$10), (001). Ils se maclent également suivant le plan (010) qui, par rapport aux axes quaternaires, a pour notation ($1\bar{1}$0).

Andalousite. — Paramètres : 0,98613 : 1 : 0,70245. Angle de la forme primitive 89° 12'.

Cette substance est holoaxe hémisymétrique, les deux plans passant par l'axe vertical et les deux autres axes binaires étant des plans limites. Il en résulte que quatre cristaux peuvent se macler symétriquement par rapport à ces plans, sans que le groupement soit décélé par les propriétés optiques, puisque les plans de macle sont des plans de symétrie de l'ellipsoïde d'élasticité optique. La macle n'est alors révélée que par la présence de matières étrangères, comme cela a lieu dans la Chiastolithe.

Staurotide. — Les paramètres proposés sont :

$$0,4734 : 1 : 0,6828.$$

En multipliant le premier et le troisième par $\frac{3}{2}$ et en les intervertissant, on obtient : 1,0242 : 1 : 0,7101. L'angle de la forme primitive est 91° 22'.

Les plans de macle sont, dans la notation habituelle (032), (232), (230) et dans le nouveau système (110), (111), (011), qui deviennent, par rapport aux axes quaternaires (100), (101), ($1\bar{1}$2).

Système binaire.

On a fait rentrer jusqu'ici, dans le système quadratique et le système othorhombique, un grand nombre de cristaux appartenant en réalité à ce système, en ce sens que leur réseau et leur particule complexe ne possèdent qu'un axe binaire, l'axe quaternaire et les autres axes binaires n'étant que des éléments de symétrie apparente. Nous aurons, dans ce système, trois groupes à distinguer, celui des cristaux présentant un axe quaternaire de symétrie apparente, celui des cristaux ayant une symétrie orthorhombique apparente, et enfin celui des cristaux simplement monocliniques.

1° Cristaux à symétrie quadratique apparente.

J'ai étudié plus haut le Rutile d'une façon approfondie, et montré que son réseau était quasi ternaire, les paramètres de sa forme primitive étant $a : 1 : 1,5$. Il en est de même pour tous les cristaux de ce groupe, où le paramètre a diffère plus ou moins de $\sqrt{3}$; c'est d'ailleurs cet axe a qui joue le rôle d'axe quaternaire. Il a été cependant nécessaire de faire une restriction : peut-être ces cristaux appartiennent-ils au type Diopside, les paramètres de la forme primitive étant $a : 1 : 1,5$ et ceux du réseau $a : 1 : 1,2$.

Rutile. — Je rappellerai simplement ici que les paramètres de ce minéral sont : $1,9325 : 1 : 1,5$, et que les principaux plans de macles désignés habituellement par la notation (301), (101) sont tels que (301) $(\overline{3}01) = 54° 43$ et (101) $(\overline{1}01) = 114° 26$.

Calomel. — Dans la notation habituelle, le paramètre de l'axe soi-disant quaternaire est $1,72291$. Mais les cristaux

se maclent suivant les faces (101), tels que (101) ($\overline{1}$01)
= 60° 16′, et souvent ils se groupent par trois à 120° autour
de la droite d'intersection de ces deux faces, comme le montre
la figure ci-jointe. La macle est tout à fait comparable à la
macle en cœur du Rutile, et le soi-disant axe binaire, autour
duquel trois cristaux se groupent à 120°, est en réalité un
axe quasi ternaire, et les paramètres véritables sont :
1,72291 : 1 : 1,5. Il s'en faut de très peu, comme on le
voit, que le réseau soit réellement ternaire.

Fig. 9.

Méliphanite. — On ne connaît aucune macle de ce cristal,
et on n'a pour se guider que la similitude d'angle avec le
Rutile, comme le montre le tableau ci-joint :

(001) (101)	33° 21′ au lieu de 32° 47′ dans le Rutile	
(101) (011)	44° 14′	45° 2′
(101) ($\overline{1}$01)	66° 43′	65° 34′
(111) ($\overline{1}\overline{1}$1)	57° 37′	56° 52′
(111) ($\overline{1}\overline{1}$1)	85° 55′	84° 40′

Il y a tout lieu de croire à une symétrie quaternaire apparente, et les paramètres sont alors : 1,9756 : 1 : 1,5.

Matlockite. — Par sa forme cristalline, ce minéral se rapproche beaucoup du Calomel ; l'angle du soi-disant octaèdre (101), qui est de 60° 16′ dans ce dernier, est ici de 59° 34′. Les paramètres sont donc 1,7627 : 1 : 1,5.

Dipyre. — Par comparaison avec le Rutile, on obtient :

$$(101)\ (011) = 44° 3'\quad \text{au lieu de } 45° 2'$$
$$(101)\ (\bar{1}01) = 64° 4'\qquad\qquad 65° 34'$$

les paramètres sont donc : 1,8770 : 1 : 1,5.

Méronite : 1,8637 : 1 : 1,5.

Wérnerite : 1,8601 : 1 : 1,5.

Mélilite. — Dans la notation habituellement adopté, les angles connus de ce minéral sont ceux de l'octaèdre (111). En outre, M. Rosenbuch a indiqué l'existence d'une macle suivant la face (101), telle que les axes optiques des deux cristaux fassent un angle de 82° 10′ approximativement. Mais, si l'on prend pour axes horizontaux les bissectrices des axes pris habituellement, l'octaèdre prend pour notation (101) ; alors on a dans la Mélilite et dans le Rutile :

$$(101)\ (\bar{1}01) = 65° 30'\ \text{au lieu de } 65° 34'$$
$$(101)\ (011) = 44° 59'\qquad\qquad 45° 2'$$

Les paramètres de la Mélilite sont donc :

$$1,9297 : 1 : 1,5$$

En outre, la face (101), qui, rapportée à ces paramètres, a pour notation $(21\bar{1})$, est bien un plan de macle, car relativement aux arêtes de la forme primitive, elle a pour notation $(1\bar{1}2)$; et il est facile de voir que cette face fait avec l'axe optique un angle de 40° 46'. Dans cette association, les deux axes optiques feront donc un angle de 81° 32'.

Zircon. — Ce minéral se macle comme le Rutile, suivant les faces (101), et la comparaison de ses angles avec ceux du Rutile donne le tableau suivant :

(101) ($\overline{1}$01) = 65° 16' au lieu de 65° 34, dans le rutile
(101) (011) = 44° 50'   45° 2'
(111) (1$\overline{1}$1) = 56° 40'   56° 52'
 (111) ($\overline{1}\overline{1}$1) = 84° 20'   84° 40'

Les paramètres sont donc : 1,9210 : 1 : 1,5.

Le Zircon est d'ailleurs dimorphe et il peut être biaxe, tout en présentant extérieurement le même aspect que la forme uniaxe, par suite de macles. Dans certains Zircons, une section perpendiculaire à l'axe du prisme se décompose en quatre secteurs séparés par les traces des plans diagonaux du prisme. Ces secteurs sont biaxes, la bissectrice étant

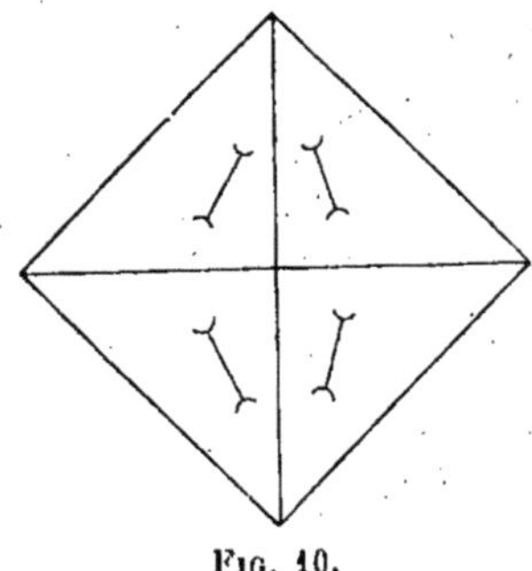

Fig. 10.

parallèle aux arêtes du prisme; le plan des axes, dont l'angle est très petit, est légèrement incliné sur la trace de l'un des plans diagonaux. Ces quatre secteurs sont symétriques, comme le montre la figure ci-jointe, par rapport aux traces de ces plans diagonaux. Ce phénomène ne peut s'expliquer qu'en admettant que le plan diagonal, qui est un plan de symétrie dans la forme uniaxe, n'est plus ici qu'un plan limite; l'autre plan diagonal est également un plan de macle, comme étant perpendiculaire sur un axe quasi ternaire.

Xénotime. — Ce minéral ressemble beaucoup, dans sa forme cristalline, au Zircon avec lequel on le trouve associé, les deux cristaux ayant même orientation. Ces paramètres sont : 1,8564 : 1 : 1,5.

2° Cristaux à symétrie apparente orthorhombique.

Le réseau de ces cristaux est sensiblement ternaire, et il ne possède réellement qu'un axe binaire; la symétrie binaire apparente se trouve réalisée dans l'axe ternaire du réseau, et dans la normale à cet axe, et à l'axe binaire. Si cette normale est prise pour axe des x, l'axe binaire pour axe des y et l'axe ternaire pour axe des z, dans ces cristaux, les paramètres devront être voisins de $\sqrt{3} = 1,732 : 1 : \dfrac{\sqrt{3}}{\sqrt{2}} = 1,224$. Pour permettre les comparaisons, le tableau suivant donne les angles, que font, dans un cristal cubique, deux faces symétriques par rapport aux plans de symétrie réels ou apparents dans les trois zones ayant pour axes les axes binaires.

Les faces, dont les symboles sont soulignés, sont les faces susceptibles d'être des plans de macles. Il y a, bien entendu, d'autres plans de macle possibles; leurs caractéristiques ont été donnés précédemment.

Zone parallèle à l'axe des z.

	Angle sur l'axe des y	Angle sur l'axe des x
(110) ($\overline{1}$10)	120°	60°
(210) ($\overline{2}$10)	81° 48′	98° 12′
(120) ($\overline{1}$20)	147° 48′	32° 12′
(310) ($\overline{3}$10)	60°	120°
(130) ($\overline{1}$30)	158° 12′	21° 48′
(320) ($\overline{3}$20)	98° 12′	81° 48′
(230) ($\overline{2}$30)	137° 54′	42° 6′

Zone parallèle à l'axe des y.

	Angle sur l'axe des z	Angle sur l'axe des x
(101) (101)	109° 28′	70° 32′
(201) ($\overline{2}$01)	70° 32′	109° 28′
(102) ($\overline{1}$02)	141° 4′	38° 56′
(301) ($\overline{3}$01)	50° 28′	129° 32′
(103) ($\overline{1}$03)	153° 28′	26° 32′
(302) ($\overline{3}$02)	86° 38′	93° 22′
(203) ($\overline{2}$03)	129° 32′	50° 28′
(401) ($\overline{4}$01)	38° 56′	141° 4′

Zone parallèle à l'axe des x.

	Angle sur l'axe des z	Angle sur l'axe des y
(011) (0$\overline{1}$1)	78° 28′	101° 32′
(021) (0$\overline{2}$1)	44° 26′	135° 34′
(012) (0$\overline{1}$2)	117° 2′	62° 58′
(031) (0$\overline{3}$1)	30° 28′	149° 32′
(013) (0$\overline{1}$3)	135° 34′	44° 26′
(032) (0$\overline{3}$2)	57° 6′	122° 54′
(023) (0$\overline{2}$3)	101° 32′	78° 28′
(043) (0$\overline{4}$3)	62° 58′	117° 2′

Orpiment. — Les paramètres habituels sont :

$$0{,}60304 : 1 : 0{,}67427.$$

Si l'on fait subir une permutation tournante à ces paramètres et qu'ensuite on multiplie le premier par $\frac{3}{2}$ et le dernier par $\frac{3}{4}$, il vient : $1{,}6771 : 1 : 1{,}2437$. En opérant de même sur les caractéristiques, on obtient :

$$(043)\,(0\overline{4}3) = 62° 16' \text{ au lieu de } 62° 58'$$
$$(023)\,(0\overline{2}3) = 79° 20' \qquad 78° 28'$$
$$(201)\,(\overline{2}01) = 68° \qquad 70° 32'$$
$$(320)\,(\overline{3}20) = 96° 23' \qquad 98° 12'$$

Glaucodot. — Paramètres habituels : $0{,}69416 : 1 : 1{,}1925$. Les cristaux se maclent suivant les faces (110) et, en outre, ils se groupent par trois, par six, autour de l'axe moyen en s'accolant suivant les faces (101). Cet axe moyen est donc un axe ternaire limite. Et, en effet, en intervertissant les deux derniers paramètres, on obtient :

$$\frac{0{,}69416}{1{,}1925} : 1 : \frac{1}{1{,}1925}$$

et en multipliant le premier par $\frac{3}{2}$ et le dernier par 3, il vient :

$$1{,}74633 : 1 : 1{,}25787.$$

En opérant de même sur les caractéristiques, on voit que les notations des faces (110) (101) sont en réalité (201) et

(310); ce sont donc bien des plans limites. La comparaison des angles du Glaucodot avec ceux d'un cristal cubique donne :

$$(201)\ (\overline{2}01) = \ 69° 32'\ \text{au lieu de}\quad 70° 32'$$
$$(310)\ (\overline{3}10) = 119° 35'\qquad\qquad 120°$$
$$(043)\ (\overline{0}43) = \ 61° 36'\qquad\qquad 62° 58'$$
$$(023)\ (\overline{0}23) = 100° 2'\qquad\qquad 101° 32'$$
$$(013)\ (\overline{0}13) = 134° 30'\qquad\qquad 135° 34'$$

Mispickel. — Paramètres véritables : 1,7100 : 1 : 1,2625.
Löllingite. — Paramètres véritables : 1,62738 : 1 : 1,2163.
Marcassite. — Paramètres véritables : 1,86240 : 1 : 1,2153.
Tridymite. — Le paramètre habituellement adopté, en considérant ce minéral comme rhomboédrique, est : 1,65304.

Or les cristaux se maclent suivant les faces du rhomboèdre $(30\overline{3}4)$, dont deux faces font entre elles un angle de 89° 32' et qui doit, par suite, être considéré comme la forme primitive ayant pour notation $(10\overline{1}1)$. Le paramètre devient alors 1,23978.

Les cristaux sont, en outre, considérés comme se maclant suivant les faces du rhomboèdre $(10\overline{1}6)$. Mais la détermination de ces caractéristiques, basée sur des mesures fort difficiles, a été influencée par le désir d'obtenir des caractéristiques simples ; en réalité, les caractéristiques sont $\left(10\overline{1}5 + \dfrac{1}{3}\right)$ ou $(30\overline{3}16)$, qui en diffèrent peu et qui, avec le nouveau paramètre, deviennent $(10\overline{1}4)$.

Aragonite. — Les paramètres donnés sont :

$$0,622444 : 1 : 0,720560.$$

L'axe vertical est, comme on le sait, un axe ternaire de groupement, et les plans de macle ont pour caractéristiques (110) (130); et l'on a :

$$(110) (1\bar{1}0) = 63° 48' \text{ au lieu de } 60°$$
$$(130) (1\bar{3}0) = 57° 19' \qquad\qquad 60°$$

En intervertissant les deux premiers paramètres, on obtient :

$$\frac{1}{0,62444} = 1,6066 : 1 : \frac{0,710560}{0,622444} = 1,1376$$

et les plans de macle deviennent (110), (310).

La forme primitive est un prisme monoclinique dont l'arête située dans le plan de symétrie fait avec l'axe vertical un angle de 54° 13' au lieu de 54° 44'. Le dièdre suivant cette arête est de 93° 36', et les deux autres dièdres égaux entre eux sont de 89° 15'.

Withérite : 1,6578 : 1 : 1,2106.

Strontianite : 1,6420 : 1 : 1,1886.

Cérusite : 1,6394 : 1 : 1,1853.

Broockite. — Les paramètres sont 0,84158 : 1 : 0,94439. En multipliant le premier par 3/2 et en faisant une permutation tournante, on obtient : 1,6833 : 1 : 1,1883. En opérant de même avec les caractéristiques, on peut comparer les angles du cristal avec un cristal cubique.

$$(301) (\bar{3}01) = 50° 33' \text{ au lieu de } 50° 28'$$
$$(302) (\bar{3}02) = 86° 43' \qquad\qquad 86° 38'$$
$$(304) (\bar{3}04) = 124° 12' \qquad\qquad 124° 6'$$
$$(310) (3\bar{1}0) = 58° 35' \qquad\qquad 60°$$
$$(610) (\bar{6}10) = 31° 20' \qquad\qquad 32° 12'$$
$$(021) (0\bar{2}1) = 45° 38' \qquad\qquad 44° 26'$$
$$(011) (0\bar{1}1) = 80° 11' \qquad\qquad 78° 28'$$
$$(012) (0\bar{1}2) = 61° 26' \qquad\qquad 62° 58'$$

Danburite : 0,54444 : 1, 0,480739. — En faisant une permutation tournante et en multipliant ensuite le premier par 2 et le dernier par 2/3, il vient :

$$1,7660 : 1 : 1,2268.$$

$(310) (3\overline{1}0) = 60° 58'$ au lieu de $\quad 60'$
$(032) (0\overline{3}2) = 57° 7'$ $\qquad\qquad 57° 6'$
$(302) (\overline{3}02) = 87° 45'$ $\qquad\qquad 86° 38'$

Topaze : 0,528542 : 1 : 0,476976. — En opérant comme pour le précédent, on obtient :

$$1,80486 : 1 : 1,2613.$$

$(032) (0\overline{3}2) = \quad 55° 43'$ au lieu de $\;57° 6'$
$(310) (\overline{3}10) = \quad 62° 4'$ $\qquad\qquad 60°$
$(101) (\overline{1}01) = 110° 6'$ $\qquad\qquad 109° 28'$

Barytine : 0,81520 : 1 : 1,31349. — Par une permutation tournante, il vient :

$$1,6114 : 1 : 1,2267.$$

$(011) (0\overline{1}1) = \quad 78° 22'$ au lieu de $\;78° 28'$
$(110) (1\overline{1}0) = 116° 21'$ $\qquad\qquad 120°$
$(101) (1\overline{0}1) = 105° 26'$ $\qquad\qquad 109° 28'$

La déformation est moins forte que celle de l'Aragonite. On cite, comme macles, des lamelles hémitropes obtenues par *actions mécaniques*, suivant le plan (101), qui est effectivement un plan de macle et suivant les plans (011) et (160), qui ne sont pas des plans de macles, mais simplement des plans de glissement, le plan de macle étant dans le premier cas (001) et, dans le second, soit (110), soit (310).

Célestine : 1,6433 : 1 : 1,2838.

Anglésite : 1,6422 : 1 : 1,2736.

3° Cristaux binaires proprement dits.

Cryolite. — Les paramètres habituels sont :

$$0,96616 : 1 : 1,38824 \quad \text{avec} \quad zx = 89° 49'$$

et les cristaux se maclent suivant les faces (110), (112), (100) et (001), faisant entre elles les angles suivants :

$$(110)\,(\overline{1}10) = 88° 2'$$
$$(001)\,(112) = 44° 54'$$
$$(110)\,(112) = 44° 58'$$

indiquant que l'on a affaire à un cristal cubique légèrement déformé. Et en effet, en divisant le dernier paramètre par 2, il vient : 0,96626 : 1 : 0,69412, c'est-à-dire sensiblement 1 : 1 : 0,707. Les plans de macles deviennent alors (110), (111), (100), (001), et si on les rapporte aux axes du cube, ces caractéristiques deviennent (100), (101), (110), (001), caractéristiques de plans limites.

Wöhlérite. — Paramètres : $1,0549 : 1 : 0,7091, \overline{zx} = 70° 45'$, un seul plan de macle (100). Or il est facile de voir qu'il existe une rangée faisant dans l'angle obtus de zx, avec l'axe vertical un angle de 89° 43' et ayant pour paramètre 1,0011. On peut donc prendre pour axes trois rangées sensiblement perpendiculaires et ayant pour paramètres 1,0011 : 1 : 0,7091, c'est-à-dire à peu près, 1 : 1 : 0,707 et correspondant, par suite, à un axe quaternaire et à deux axes binaires du cube. Quant au plan de macle, il correspond à un plan de symétrie non principal du cube.

L'axe des x habituel correspond, dans un cristal cubique, à la normale au plan (221), normale faisant avec oz un angle de 70° 32′ et dont le paramètre est égal à 2,1215. Si donc on conserve les axes habituels, on doit prendre pour paramètres : 2,1098 : 1 : 0,7091.

Homilite. Paramètres : 0,6249 : 1 : 1,2824, $z\bar{x} = 89° 21′$. — Plans de macles, (001), (100) et macle en croix suivant (034), les deux cristaux faisant un angle de 87° 46′, c'est-à-dire voisin de 90°.

L'axe des x est donc un axe quaternaire limite, et le plan (034) doit avoir pour rotation (011).

Il faut, par suite, multiplier le premier paramètre par $\frac{3}{2}$ et le dernier par $\frac{3}{4}$. On obtient ainsi :

0,9373 : 1 : 0,9618, sensiblement : 1 : 1 : 1.

Datolite : 0,95169 : 1 : 0,94930 avec $z\bar{x} = 89° 51′$.
Gadolinite : 0,94089 : 1 : 0,99112 $zx = 89° 26′$.
Philippsite. Paramètres : 0,70949 : 1 : 1,2563, $zx = 55° 37′$.

— Les paramètres sont donc sensiblement $\frac{1}{\sqrt{2}} : 1 : \frac{\sqrt{3}}{\sqrt{2}}$, et comme, en outre, l'angle zx est sensiblement égal à 54° 44′, on doit considérer l'axe vertical z comme un axe ternaire, l'axe x comme un axe quaternaire et l'axe y comme un axe binaire du cube. Les cristaux, en effet, peuvent se macler suivant le plan (001), qui est un plan de symétrie non principal ; quatre cristaux se groupent à 90° autour de l'axe des x, les plans d'accolement étant les plans (011), (0$\bar{1}$1), qui sont des plans de symétrie principaux du cube. Enfin trois de ces groupements peuvent se grouper à 120° autour de l'axe vertical, de façon à constituer un édifice ayant tous les éléments de symétrie du cube et formé de vingt-quatre cristaux.

Harmotome. Paramètres : 0,70315 : 1 : 1,2310, $\overline{zx} = 55°20'$. Mêmes groupements que la Philippsite ; les axes doivent être considérés comme ayant la même signification.

Scolésite. Paramètres : 0,97636 : 1 : 0,34338, $zx = 89°18'$. — Macle suivant (110) et (100).

En multipliant par 3 le troisième paramètre, on obtient :

$$0,97636 : 1 : 1,03014.$$

Gibbsite. Paramètres : 1,70890 : 1 : 1,91843 avec $zx = 85°29'$. — En multipliant le dernier par $\frac{2}{3}$, les paramètres deviennent 1,70830 : 1 : 1,27895, c'est-à-dire à peu près :

$$\frac{\sqrt{6}}{\sqrt{2}} : 1 : \frac{\sqrt{3}}{\sqrt{2}}.$$

Et, en effet, on a :

(110) (1$\overline{1}$0) $= 119°10'$ au lieu de		$120°$
(001) (032) $= 62°23'$		$61°27'$
(100) ($\overline{3}$02) $= 43°44'$		$43°19'$

Les cristaux se maclent suivant les plans (110) et (100). En outre M. Brögger indique une macle suivant un plan un peu différent de (110), coupant le plan (001) suivant une ligne faisant avec l'arête (100) (001) un angle de 119°41' et, avec (110) (001), un angle de 0°31'. A vrai dire ce n'est qu'un plan de macle apparent ; en réalité les cristaux sont symétriques par rapport à l'axe binaire limite, qui, dans un cristal cubique, serait normal sur (110).

Gypse : 0,68994 : 1 : 0,41241 $xz = 80°42'$. — Plans de macle (100) et (101).

Ce dernier fait avec l'axe vertical un angle de 52°25' ; or, en multipliant par 3 le paramètre de cet axe, on obtient 1,23723, c'est-à-dire sensiblement $\dfrac{\sqrt{3}}{\sqrt{2}}$; on est donc amené à considérer l'axe vertical comme un axe ternaire, et le plan (101) comme un plan de symétrie non principal faisant avec l'axe ternaire un angle de 52° 25' au lieu de 54° 44'.

Et, en effet, dans l'angle obtus des axes ox et oz, il existe une rangée faisant avec oz un angle de 90° 42' et ayant pour paramètre 1,6341, c'est-à-dire à peu près $\sqrt{3}$.

Quant à l'axe des x habituel, il aurait, dans un réseau cubique, la notation [113], et son paramètre serait à peu près $3 \times 0,68994$.

Par conséquent, si l'on veut conserver les axes habituels, on doit prendre pour paramètres :

$$2,06982 : 1 : 1,23723 \qquad zx = 80° 42'.$$

Orthose : $0,65851 : 1 : 0,55538$, $xz = 63° 56'$. — Les cristaux se groupent par quatre et par huit autour de l'axe des x, par trois et par six autour de l'axe des z. On est donc amené, malgré la forte déformation de l'angle xz, à considérer l'axe des x comme axe quaternaire limite, et l'axe des z comme un axe ternaire limite. Mais alors il faut multiplier le dernier paramètre par 2, pour avoir des paramètres se rapprochant suffisamment de $\dfrac{1}{\sqrt{2}} : 1 : \dfrac{\sqrt{3}}{\sqrt{2}}$. On devra donc, par suite, multiplier par 2 la troisième caractéristique des plans réticulaires.

Il est facile de voir que, entre les caractéristiques (q, r, s) d'un plan rapporté aux axes du cube et celles (q', r', s') du même plan rapporté à un axe quaternaire, un axe ternaire

— 88 —

et un axe **binaire**, il existe les relations :

$$q' = q$$
$$r' = r - s$$
$$s' = -q + r + s$$

On en déduit que les caractéristiques des faces susceptibles d'être un plan de macle sont :

$(10\bar{1})$	(110)	(100)	(101)
$(011$	$(1\bar{1}0)$	$(1\bar{1}2)$	$(\bar{1}03)$
$(0\bar{1}1)$	(001)	(112)	$(1\bar{2}\bar{1})$
	$(\bar{1}12)$	$(\bar{1}02)$	$(12\bar{1})$
	$(11\bar{2})$	$(13\bar{2})$	
	(010)	$(1\bar{3}2)$	
		$(1\bar{1}\bar{1})$	
		$(11\bar{1})$	
		$(\bar{1}\bar{1}4)$	
		$(\bar{1}14)$	
		(130)	
		$(1\bar{3}0)$	

Jusqu'ici on n'a reconnu comme plans de macles que les faces $(10\bar{1})$, (011), $(0\bar{1}1)$, c'est-à-dire les trois plans de symétrie principaux du cube, (110), $(1\bar{1}0)$, (001), $(\bar{1}12)$, $(11\bar{2})$, $(0\bar{1}0)$, c'est-à-dire les plans de symétrie non principaux du cube et (100), (130), $(1\bar{3}0)$, c'est-à-dire trois faces du trapézoèdre a^2 dans le cube.

Les relations existant entre les caractéristiques (m', n', p') d'une rangée rapportés aux axes habituels et les caractéristiques (m, n, p) de cette rangée rapportés aux axes du cube sont :

$$m' = 2m + p + n$$
$$n' = n - p$$
$$p' = n + p$$

On en conclut que les axes quaternaires de groupement ont pour caractéristiques [100], [111], [1$\bar{1}$1]. Les axes sénaires, c'est-à-dire binaires et ternaires, sont :

$$[201], [001], [1\bar{1}0], [110].$$

Les axes binaires de groupement correspondants aux axes binaires du cube sont :

$$[311], [\bar{3}1\bar{1}], [101], [\bar{1}11], [\bar{1}1\bar{1}], [010].$$

Les axes binaires de groupement dérivant des normales aux faces du trapézoèdre sont :

$$[301], [5\bar{1}3], [513], [\bar{1}01], [13\bar{1}], [1\bar{3}1], [2\bar{1}0],$$
$$[210], [\bar{1}13], [113], [334], [3\bar{3}1].$$

Jusqu'ici on a reconnu l'existence de groupements quaternaires autour de l'axe [100], de groupements binaires et ternaires autour de l'axe [001], de groupements binaires autour de [010] et de [110], [1$\bar{1}$0].

La forme primitive est donc facile à calculer : c'est un prisme monoclinique, dont le dièdre, ayant pour arête l'axe des x, est de 90° 6'; la face opposée fait avec l'axe des z un angle de 35° 44' au lieu de 35°55', et les deux dièdres adjacents à cette face sont de 96° 21'.

Il se pourrait d'ailleurs, quoique je ne sois pas parvenu à l'établir, que cette forme primitive ne coïncidât pas avec la maille du réseau. Il ne faut pas oublier que, si les trois faces de la forme primitive doivent coïncider avec trois plans réticulaires du réseau, il se peut, quand la symétrie ne l'exige plus, qu'elles ne coïncident pas avec trois plans ayant les mêmes caractéristiques par rapport au réseau. Il se pourrait dans ce cas, par exemple, que la face de la forme primitive perpendiculaire sur le plan de symétrie n'ait pas les mêmes caractéristiques que les deux autres faces.

Système triclinique.

Feldspaths. — On a vu, à propos de l'orthose, que, pour avoir le véritable paramètre de la forme primitive, en conservant les axes adoptés, il fallait simplement multiplier par 2 le paramètre de l'axe vertical.

Sassolite. — Paramètres : $1,7328 : 1 : 1,2204$, $xz = 104°17'$, $yz = 92°23'$, $xy = 89°41'$. — L'axe des z est un axe binaire de groupement. Or il existe, dans le plan zx, une rangée faisant avec cet axe des z un angle de $90°42'$ et ayant pour paramètre $1,6785$. Les paramètres véritables sont donc : $1,6785 : 1 : 1,2204$. C'est-à-dire à peu près :

$$\frac{\sqrt{6}}{\sqrt{2}} : 1 : \frac{\sqrt{3}}{\sqrt{2}}.$$

Disthène. — Il a été établi dans le premier chapitre de ce travail que l'axe des y était un axe quaternaire limite, l'axe des z un axe binaire limite, et l'axe des x une rangée ayant pour paramètre [231] ; il en résulte que les constantes cristallographiques du Disthène sont :

$$3,59752 : 1 : 1,41792, \text{ avec } \quad xz = 101°2',$$
$$yz = 90°5' \text{ et } \quad xy = 105°44'.$$

Comme on le voit, l'axe des y du Disthène correspond à l'axe vertical de l'Andalousite, et un axe horizontal de celle-ci à l'axe vertical du Disthène.

CRISTAUX DU TYPE CALCITE.

Dans ce groupe rentrent les cristaux, dont la forme primitive est voisine du rhomboèdre de 107° 6'. Comme il a été montré plus haut, la maille du réseau, dans ces cristaux, ne coïncide pas avec la forme primitive, dont les faces ont pour caractéristiques $(20\overline{2}3)$, si on les rapporte aux rangées du réseau représentant l'axe ternaire et les axes binaires.

Dans ce groupe ne sauraient rentrer des cristaux appartenant au système cubique ou au système quadratique, parce que, chez eux, la forme primitive est un prisme droit.

Système ternaire.

Il a été donné plus haut les caractéristiques des éléments de groupement de tous les cristaux appartenant au système ternaire. Ces caractéristiques sont rapportées non au réseau, mais à la forme primitive, et elles restent les mêmes pour tous les types de formes primitives. Mais quand la maille du réseau ne concorde pas avec la forme primitive, d'autres éléments de groupement peuvent exister, tout au moins en apparence.

Dans le rhomboèdre, dont le paramètre est exactement $\dfrac{2\sqrt{3}}{3\sqrt{2}}$, à toute rangée correspond un plan réticulaire qui lui est perpendiculaire; par conséquent, deux cristaux orientés symétriquement par rapport à un axe binaire limite seront également, s'ils sont centrés, symétriques par rapport au plan réticulaire perpendiculaire, qui ne coïncide pas avec un plan limite, par suite de la nature de la forme primitive.

D'autre part, deux cristaux, symétriques par rapport à un plan limite passant par un axe binaire, seront également symétriques par rapport à un plan réticulaire perpendiculaire.

Il y a donc, comme on le voit, un certain nombre d'éléments de groupement apparents qu'il faut ajouter aux éléments réels.

Les plans de groupement sont donc les faces des rhomboèdres :

$$(10\bar{1}1) \quad \text{dont le dièdre est de} \quad 107° \, 6'$$
$$(01\bar{1}2) \quad\quad\quad\quad\quad\quad\quad\quad 136° \, 39'$$
$$(02\bar{2}1) \quad\quad\quad\quad\quad\quad\quad\quad 80° \, 10'$$
$$(10\bar{1}4) \quad\quad\quad\quad\quad\quad\quad\quad 157° \, 5'$$

et du prisme et du scalénoèdre :

$$(01\!1\,0)$$
$$(12\bar{3}2)$$

Les plans de groupements apparents sont les faces des rhomboèdres.

$$(09\bar{9}8) \quad \text{dont le dièdre est de} \quad 101° \, 54'$$
$$(90\bar{9}4) \quad\quad\quad\quad\quad\quad\quad\quad 76° \, 52'$$
$$(90\bar{9}16) \quad\quad\quad\quad\quad\quad\quad 132° \, 7'$$
$$(09\bar{9}2) \quad\quad\quad\quad\quad\quad\quad\quad 65° \, 6'$$

dont les faces sont perpendiculaires sur les faces des premiers rhomboèdres.

Elles sont également perpendiculaires sur des axes de groupements ; il en est de même des faces du scalénoèdre

(27, $\overline{18}$, $\overline{9}$, 8), qui sont perpendiculaires sur les axes de groupements, qui, dans le cube, sont perpendiculaires sur les faces du scalénoèdre ($12\overline{3}2$).

I. — Cristaux à symétrie hexagonale apparente.

Pyrrothine. — Considéré comme hexagonal avec $c = 0,8701$.

Or les cristaux se maclent suivant trois faces à 120°, et trois faces seulement, du soi-disant isocéloèdre ($10\overline{1}1$). Ces trois faces constituent un rhomboèdre dont le dièdre est de 104° 16′ et qui doit être considéré comme la forme primitive. Le paramètre de l'axe ternaire du réseau est égal à 1,3051.

Néphéline. — Considéré comme hexagonal avec $c = 0,8389$. Mais M. Baumhauer a montré qu'elle n'avait qu'un axe ternaire et qu'elle était fréquemment maclée suivant les faces (0001) et ($01\overline{1}0$).

La forme primitive est un rhomboèdre de 105° 54′ et le paramètre du réseau est égal à 1,2583.

II. — Cristaux rhomboédriques.

Tétradymite. — Le paramètre donné est égal à 1,5871 ; mais les cristaux se maclent suivant la face du rhomboèdre ($10\overline{1}2$) dont, l'angle est de 108° 24′ et qui, par suite, doit être pris pour forme primitive. Le paramètre de cette forme primitive est donc, en réalité, égal à 0,7935, et celui du réseau 1,19025.

Pyrargyrite. — Paramètre : 0,78916. Les cristaux se maclent suivant les faces du rhomboèdre ($10\overline{1}1$) de 108° 38′, suivant à celles du prisme (11$\bar{2}$0), suivant la base (0001), suivant les faces du rhomboèdre (10$\bar{1}$4) dont le dièdre est de 157° 49′, suivant celles du rhomboèdre (01$\bar{1}$2), dont le dièdre est de 137° 55′, du rhomboèdre (02$\bar{2}$1), dont le dièdre est de 81° 12′. La macle indiquée comme se produisant suivant le plan (01$\bar{1}$8), n'est que la superposition de deux macles suivant les plans (10$\bar{1}$1) et (01$\bar{1}$2). Le paramètre du réseau est 1,18374.

Proustite. — Paramètre : 0.80393. Avec macles suivant les faces du rhomboèdre (10$\bar{1}$1) de 107° 48′, du rhomboèdre (10$\bar{1}$4) de 157° 25′, du rhomboèdre (01$\bar{1}$2) de 137° 14′, et suivant la base (0001).

Paramètre du réseau : 1,20589.

Calcite. — Paramètre : 0,85430. Macles suivant les faces des rhomboèdres :

(10$\bar{1}$1)	de	105° 5′
(01$\bar{1}$2)		134° 57′
(02$\bar{2}$1)		77° 51′

et la base

(0001)

Paramètre du réseau : 1,28145.

Dolomite : Paramètres : 0,8322 et 1,2483.

Magnésite : Paramètres : 0,8112 et 1,2168.

Sidérite. — 0,8184 et 1,2276.

Smithsonite. — 0,8063 et 1,2094.

Tourmaline. — Paramètre : 0,44767, avec macles suivant (0001) et (10$\bar{1}$1), l'angle dièdre de ce rhomboèdre étant de 133° 8′. Par suite de l'absence d'autres macles, il y a doute sur la véritable homologation de ce rhomboèdre. Il peut être

considéré comme étant le rhomboèdre (01$\overline{1}$2), dont le dièdre
est égal à 136°39′; et alors le paramètre serait 0,89534, ou
bien la face (10$\overline{1}$1) peut être considérée comme un plan de
macle apparent appartenant au rhomboèdre (90$\overline{9}$16), et le
paramètre serait 0,79608. Mais la fréquence de la face (10$\overline{1}$1)
fait plutôt pencher en faveur de la première hypothèse, malgré
l'assez grande déformation qu'elle suppose pour la forme
primitive.

Chalcophyllite. — Paramètre : 2,5538. Mais le rhomboèdre
(01$\overline{1}$3) a un dièdre égal à 105°15′; si donc on l'homologue
au rhomboèdre de 107° 6′, le paramètre de la forme primitive devient 0,8312, et celui du réseau 1,2769.

Natronitre. — Paramètres : 0,8276 et 1,2414.

Nordenskiöldine. — Paramètres : 0,8221 et 1,2331.

Coquimbite. — Paramètre donné : 1,5613, et macle
suivant (11$\overline{2}$0). Mais le dièdre du rhomboèdre (10$\overline{1}$1) étant
de 81°33′ au lieu de 80°10′, comme cela a lieu pour le
rhomboèdre (20$\overline{2}$1), il y a lieu de diviser le paramètre
donné par 2.

Paramètres : 0,78065 et 1,17097.

Quartz. — Paramètre donné : 1,09997.

Il est assez difficile de déterminer la forme primitive de
ce minéral. Le Quartz est, de tous les minéraux, celui qui a
été le plus étudié; on a signalé, sous le nom de macles, un
grand nombre d'associations tout accidentelles, et il n'est
guère possible de distinguer parmi ces associations citées,
celles qui constituent de véritables macles. Il se pourrait
d'ailleurs que le Quartz, comme d'autres minéraux, possède
deux ou plusieurs formes primitives.

Des macles indiscutables ont, pour plan de symétrie, les
faces (10$\overline{1}$0) et (11$\overline{2}$0). D'autre part, M. E. Kaiser, dans le
Centralblatt für Mineralogie, n° 3, 1900, vient de citer une

macle en croix de deux cristaux associés suivant la face du rhomboèdre ($03\overline{3}4$), dont le dièdre est égal à $106° 40'$. Si l'on prend ce rhomboèdre pour forme primitive, le paramètre de celle-ci devient $1,09997 \times \dfrac{3}{4} = 0,82442$, et celui de son réseau $1,23663$, diffèrent très peu de celui de la Tridymite qui est de $1,23978$.

On voit combien la forme primitive du quartz se rapproche de celle de la Calcite, ce qui explique les associations de ces minéraux, observées si fréquemment.

Cinabre. — Paramètre : $1,14526$.

Ne connaissant pas de macle suivant une forme oblique à l'axe, il y a lieu, par analogie avec le Quartz, de prendre pour paramètres $0,85896$ et $1,28844$.

Système binaire.

1° Cristaux à symétrie orthorhombique apparente.

Ces cristaux n'ont, en réalité, qu'un axe binaire ; mais le réseau est sensiblement ternaire, et l'axe ternaire ainsi que la grande diagonale de la maille losangique perpendiculaire sont des axes binaires de symétrie apparente. Les paramètres de la forme primitive sont $\sqrt{3} : 1 : \dfrac{2\sqrt{3}}{3\sqrt{2}}$.

Le tableau ci-joint donne les angles de deux faces symétriques par rapport aux plans de symétrie réels et apparents.

Zone parallèle à l'axe des z.

	Angle sur l'axe des y	Angle sur l'axe des x
(110) (1$\bar{1}$0)	120°	60°
(210) (2$\bar{1}$0)	81° 48′	98° 12′
(120) (1$\bar{2}$0)	147° 48′	32° 12′
(310) (3$\bar{1}$0)	60°	120°
(130) (1$\bar{3}$0)	158° 12′	21° 48′
(320) (3$\bar{2}$0)	98° 12′	81° 48′
(230) (2$\bar{0}$0)	137° 54′	42° 6′

Zone parallèle à l'axe des y.

	Angle sur l'axe des z	Angle sur l'axe des x
(101) ($\bar{1}$01)	129° 32′	50° 28′
(201) ($\bar{2}$01)	93° 22′	86° 38′
(102) ($\bar{1}$02)	153° 28′	26° 32′
(301) ($\bar{3}$01)	70° 32′	109° 28′
(103) ($\bar{1}$03)	162° 8′	17° 52′
(302) ($\bar{3}$02)	109° 28′	70° 32′
(203) ($\bar{2}$03)	145° 6′	34° 54′
(401) ($\bar{4}$01)	55° 52′	124° 8′
(902) ($\bar{9}$02)	50° 28′	129° 32′
(901) ($\bar{9}$01)	26° 32′	153° 28′
(904) ($\bar{9}$04)	86° 38′	93° 22′
(908) ($\bar{9}$08)	124° 8′	55° 52′

BIBLIOTHÈQUE NATIONALE — R.F. — IMPRIMÉS.

Zone parallèle à l'axe des x.

	Angle sur l'axe des z	Angle sur l'axe des y
(011) (0$\bar{1}$1)	101° 32′	78° 28′
(021) (0$\bar{2}$1)	62° 58′	117° 2′
(012) (0$\bar{1}$2)	135° 34′	44° 26′
(031) (0$\bar{3}$1)	44° 26′	135° 34′
(013) (0$\bar{1}$3)	149° 32′	30° 28′
(032) (0$\bar{3}$2)	78° 28′	101° 32′
(023) (0$\bar{2}$3)	122° 54′	57° 6′
(034) (0$\bar{3}$4)	117° 2′	62° 58′

On a souligné d'un trait les caractéristiques des plans limites et de deux traits les caractéristiques des plans perpendiculaires pouvant être des plans limites apparents. Mais, bien entendu, outre ces plans de macles, appartenant aux trois zones, il en est d'autres dont les caractéristiques ont été données précédemment.

Il se pourrait, d'ailleurs, que quelques espèces rangées dans ce type appartiennent au type précédent. Quand aucune macle, dont le plan est incliné sur l'axe, n'est connue, on est obligé de s'en rapporter au plus ou moins de simplicité des caractéristiques des faces les plus fréquentes, pour se décider entre les types. Or cette simplicité des caractéristiques constitue une présomption, mais non une preuve. Il se pourrait donc que, dans certains cas, le paramètre de l'axe vertical dût être multiplié par le facteur $\frac{3}{2}$.

Chalcosine. — Les paramètres donnés sont :

$$0,5822 : 1 : 0,9701,$$

et les cristaux se maclent par trois suivant les faces (110), telles que (110) ($\overline{1}$10) = 60° 25′ et suivant les faces (112), telles que (112) ($\overline{1}$12) = 106° 37′. Or, dans le cristal type, les faces (111) ($\overline{1}$11) font un angle de 107° 6′; pour homologuer les deux symboles, il faut donc diviser le dernier paramètre par 2. En intervertissant, en outre, les deux premiers, on obtient finalement, pour paramètres véritables, 1,7177 : 1 : 0,8331 au lieu de 1,732 : 1 : 0,8166, et pour ceux du réseau 1,7177 : 1 : 1,2496.

La comparaison des angles de la Chalcosine avec ceux du cristal type donne le tableau suivant :

$$
\begin{array}{llll}
(110)\,(\overline{1}10) = & 60°\,25' & \text{au lieu de} & 60° \\
(320)\,(3\overline{2}0) = & 97°\,44' & & 98°\,12' \\
(310)\,(3\overline{1}0) = & 59°\,35' & & 60° \\
(101)\,(\overline{1}01) = & 51°\,45' & & 50°\,28' \\
(201)\,(\overline{2}01) = & 88°\,16' & & 86°\,38' \\
(401)\,(\overline{4}01) = & 125°\,28' & & 124°\,8' \\
(111)\,(\overline{1}11) = & 73°\,43' & & 72°\,54'
\end{array}
$$

On a indiqué une macle en croix suivant la face (301), dont les axes font entre eux des angles de 70°. Or dans le type calcite si les faces (301) ($\overline{3}$01) font bien un angle de 70° 32′, elles ne sont pas des plans limites. Le groupement s'explique par ce fait que deux cristaux de Chalcosine orthorhombique se sont développés sur un cristal de Chalcosine cubique de façon à avoir avec elle un axe ternaire commun.

Les cristaux de Chalcosine présentent des stries parallèles au plan (010); ce qui porterait à croire à l'existence de lamelles hémitropes parallèles à ce plan.

Bournonite : 0,93797 : 1 : 0,89686. Les cristaux se maclent suivant le plan (110) et le plan perpendiculaire, l'angle (110) ($\overline{1}$10) étant égal à 86° 20′. Le tableau précédent nous montre que le plan de macle (201) fait, avec son symétrique, un angle de 86° 38′. Pour homologuer les deux plans, il faut faire subir une permutation tournante aux trois paramètres, puis multiplier le premier par 3/2 et le dernier par 3/4. On obtient ainsi :

$$\frac{1}{0,89686} \times \frac{3}{2} = 1,6725 : 1 : 1 \frac{0,93797}{0,89686} = 0,7843.$$

Les plans de macles prennent pour notation (201) et (904) avec :

$$(201)\,(\overline{2}01) = \ 86° 20′ \text{ au lieu de } \ 86° 38′$$
$$(101)\,(\overline{1}01) = \ 50° 16′ \qquad\qquad\ 50° 28′$$
$$(023)\,(0\overline{2}3) = 124° 47′ \qquad\qquad 122° 54′$$
$$(110)\,(\overline{1}\overline{1}0) = \ 64° 45′ \qquad\qquad 60°$$

Enargite : 0,8711 : 1 : 0,8248 avec groupement de deux ou trois cristaux suivant les faces de (320), telles que (320) $(\overline{3}20)$ = 60° 17′. En multipliant le premier paramètre par 2, le symbole de ces faces devient (310), qui est bien celui d'un plan de macle, et les paramètres sont alors :

$$1,7422 : 1 : 0,8248.$$

$$(210)\,(\overline{2}10) = 82° 7′ \text{ au lieu de } 81° 48′$$
$$(110)\,(1\overline{1}0) = 59° 43′ \qquad\qquad 60°$$
$$(101)\,(\overline{1}01) = 50° 40′ \qquad\qquad 50° 28′$$
$$(011)\,(0\overline{1}1) = 79° 2′ \qquad\qquad 78° 28′$$

Chrysobéryl : 0,47006 : 1 : 0,58002. — Groupement de deux ou trois cristaux suivant les faces (031), telles que (031) $(0\overline{3}1)$ = 120° 14′. Pour que ces faces aient la notation

(310), il faut faire une permutation tournante entre les trois paramètres, qui deviennent :

$$1,7244 : 1 : 0,81036.$$

$$(110) (\overline{1}10) = \quad 60° 14' \text{ au lieu de } \quad 60°$$
$$(104) (\overline{1}01) = \quad 50° 21' \qquad\qquad 50° 28'$$
$$(011) (\overline{0}11) = 101° 37' \qquad\qquad 101° 32'$$

Les cristaux présentent des stries parallèles au plan de symétrie du réseau ; ils sont donc probablement maclés suivant ce plan.

Diaspore : 0,93722 : 1 : 0,60387. — Si on fait une permutation tournante entre ces paramètres et que l'on multiplie le dernier par 1/2, ils deviennent :

$$1,6560 : 1 : 0,7760$$

avec

$$(110) (1\overline{1}0) = 62° 15' \text{ au lieu de } 60°$$
$$(104) (\overline{1}01) = 50° 13' \qquad\qquad 50° 28'$$
$$(021) (0\overline{2}1) = 65° 35' \qquad\qquad 62° 58'$$

Olivine : 0,46575 : 1 : 0,58651. — Les cristaux se groupent par deux ou trois suivant les plans (011), tels que (011) $(0\overline{1}1) = 60° 47'$.

Pour que ces plans aient la notation (110), il suffit de faire une permutation tournante, et on obtient :

$$1,717 : 1 : 0,79478.$$

$$(104) (\overline{1}01) = \quad 49° 57' \text{ au lieu de } \quad 50° 28'$$
$$(011) (0\overline{1}1) = 103° 6' \qquad\qquad 101° 32'$$
$$(110) (1\overline{1}0) = \quad 60° 47' \qquad\qquad 60°$$

Columbite : 0,82850 : 1 : 0,88976. — Avec groupements suivant les faces (021) et (023), telles que (021) (0$\overline{2}$1) = 121° 20′ et (023) (0$\overline{2}$3) = 61° 21′. En intervertissant le premier et le dernier paramètre, et en multipliant ensuite par 2 le premier, il vient :

$$1,77952 : 1 : 0,82850$$

et les plans de macle deviennent (110) et (310).

$$(110)\,(1\overline{1}0) = 121°\,20′ \text{ au lieu de } 120°$$
$$(011)\,(0\overline{1}1) = 79°\,17′ \qquad 78°\,28′$$
$$(301)\,(\overline{3}01) = 71°\,12′ \qquad 70°\,32′$$

Béryllonite : 0,57242 : 1 : 0,54901. — Avec macle de deux ou trois cristaux suivant les faces (110), telles que (110) (1$\overline{1}$0) = 59° 34′.

En multipliant le premier paramètre par 3 et le dernier par 3/2, ils deviennent :

$$1,71729 : 1 : 0,82351$$

et le plan de macle prend pour notation (310), tel que :

$$(310)\,(\overline{3}10) = 59°\,34′ \text{ au lieu de } 60°$$
$$(101)\,(\overline{1}01) = 51°\,14′ \qquad 50°\,28′$$
$$(021)\,(0\overline{2}1) = 117°\,28′ \qquad 117°\,2′$$

2° Cristaux binaires proprement dits.

Azurite : 0,85012 : 1 : 0,88054, $\overline{zx} = 87°36′$. — Les cristaux se maclent suivant les plans ($\overline{2}$01) et ($\overline{1}$01), tels que

$(\overline{2}01)\,(001) = 66°\,11'$, et $(\overline{1}01)\,(001) = 47°\,15'$. Or, dans le type calcite $(101)\,(001) = 64°\,46'$ et $(\overline{2}01)\,(001) = 46°\,41'$.

Si donc on intervertit le premier et le troisième paramètres, puis si l'on multiplie le dernier par 2, les plans de macle deviennent $(10\overline{1})$ et $(20\overline{1})$, et les paramètres réels sont :

$$1,72108 : 1 : 0,84012.$$

$$
\begin{aligned}
(110)\,(\overline{1}10) &= 120°\,47' \text{ au lieu de } 120° \\
(011)\,(0\overline{1}1) &= 80°\,41' \qquad\qquad 78°\,28' \\
(101)\,(100) &= 62°\,18' \qquad\qquad 64°\,46' \\
(10\overline{1})\,(100) &= 66°\,11' \qquad\qquad 64°\,46'
\end{aligned}
$$

Humite : $0,92575 : 1 : 4,07639$, $zx = 90$. — Cristaux se maclant par deux ou trois suivant les faces (017) et (037), telles que $(017)\,(0\overline{1}7) = 60°\,26'$ et $(037)\,(0\overline{3}7) = 59°\,34'$.

En faisant une permutation tournante entre les trois paramètres après avoir divisé le premier par 2 et le troisième par 7, on obtient :

$$1,717 : 1 : 0,79478;$$

les plans de macles prennent pour notations (110) et (310).

$$
\begin{aligned}
(110)\,(1\overline{1}0) &= 60°\,26' \text{ au lieu de } 60° \\
(101)\,(\overline{1}01) &= 49°\,40' \qquad\qquad 50°\,28'
\end{aligned}
$$

Chondrodite : $1,08630 : 1 : 3,14472$, $zx = 90°$. — Macles suivant les faces (105), (305), sensiblement à $60°$ les unes des autres, et suivant (001).

En intervertissant le second et le troisième paramètre, après avoir divisé le second par $\dfrac{3}{2}$ et le troisième par 5, on obtient :

$$1,7272 : 1 : 0,7950.$$

et les plans de macle deviennent : (110), (310), (010). Le soi-disant axe binaire n'est donc qu'apparent et coïncide avec un axe ternaire limite.

Clinohumite : 1,08028 : 1 : 5,65884. — En intervertissant les deux derniers, après avoir multiplié le premier par 3, le deuxième par 3/2 et divisé le troisième par 3, on obtient :

$$1,71813 : 1 : 0,79519$$

Micas. — *Biotite :* 0,57735 : 1 : 3,27432. $zx = 90°$. — Ces micas, s'associant avec le Quartz de façon à ce que les orientations soient parallèles, on pourrait donc croire qu'ils appartiennent au type calcite ; mais, d'autre part, ils s'associent également au fer oxydulé qui est du type Disthène. On ne peut donc, de ces associations, tirer de conclusions sur la nature de la forme primitive, et il est probable que ces associations ont leur cause première non pas dans la forme primitive, mais dans le réseau lui-même.

Pour obtenir des paramètres comparables, il faut multiplier le premier par 3 et diviser le dernier par 4 ; on obtient ainsi :

$$1,73205 : 1 : 0,80958, \text{ et pour le réseau :}$$
$$1,732 : 1 : 1,21437.$$

Muscovite : 1,73205 : 1 : 0,8181. $\overline{zx} = 89° 54'$.

Clinochlore : 1,73205 : 1 : 0,7591. $\overline{zx} = 89° 40'$.

Wolframite : 0,8300 : 1 : 0,86781. $\overline{zx} = 89° 21'$. — Macle suivant les plans (001) et (023), tels que (023) (0$\overline{2}$3) = 60° 6'.

Intervertissant le premier et le troisième paramètre, après

avoir multiplié ce dernier par 2, on obtient :

$$1,73562 : 1 : 0,8300 \quad \overline{z\alpha} = 89° 21'$$

et les plans de macle deviennent (100) et (310), avec :

$$(110)\,(0\overline{1}0) = 120°\,6' \quad \text{au lieu de } 120°$$
$$(011)\,(0\overline{1}1) = 79°\,23' \qquad\qquad 78°\,28'$$
$$(001)\,(201) = 43°\,25' \qquad\qquad 43°\,19'$$

Système triclinique.

Cristaux à symétrie binaire apparente.

Freieslebenite : $0,587714 : 1 : 0,92768\ \beta = 87°\,46'$ se maclant suivant le plan (100).

En intervertissant les deux premiers paramètres et en divisant le dernier par 2, on obtient :

$$1,7032 : 1 : 0,7900 \text{ avec } xy = 87°\,46'.$$
$$(110)\,(1\overline{1}0) = 60°\,48' \text{ au lieu de } 60°$$
$$(101)\,(\overline{1}01) = 49°\,44' \qquad\qquad 50°\,28'$$
$$(010)\,(021) = 31°\,41' \qquad\qquad 31°\,29'$$

On voit donc que l'axe binaire n'est qu'apparent, puisqu'il coïncide avec la grande diagonale du losange perpendiculaire sur un axe quasi ternaire.

TYPE DIOPSIDE.

Les cristaux de ce type sont relativement rares ; comme il a été expliqué plus haut, leur forme primitive se rapproche d'un rhomboèdre de 82° 10'.

Système ternaire.

Dans ce système, les cristaux sont susceptibles de se macler suivant les faces des rhomboèdres, dont les angles dièdres sont donnés dans le tableau suivant, qui contient également les dièdres des rhomboèdres, dont les faces sont perpendiculaires sur les faces de ces rhomboèdres et qui, par suite, pourront être des plans de macle apparents :

$$(10\bar{1}1)\,(0\bar{1}11) = 82°\,10'$$
$$(01\bar{1}2)\,(1\bar{1}02) = 110°$$
$$(02\bar{2}1)\,(2\bar{2}01) = 138°\,23'$$
$$(10\bar{1}4)\,(0\bar{1}14) = 67°\,7'$$
$$(01\bar{1}3)\,(1\bar{1}03) = 127°\,50'$$
$$(20\bar{2}3)\,(0\bar{2}23) = 97°\,21'$$
$$(10\bar{1}6)\,(0\bar{1}16) = 151°\,40'$$
$$(04\bar{4}3)\,(4\bar{4}0)3 = 74°\,16'$$

Le paramètre de l'axe ternaire est sensiblement égal à $\dfrac{5}{4}\dfrac{\sqrt{3}}{\sqrt{2}} = 1,5309$.

Brucite : 1,52078. — On ne connaît pas de macle ; mais les faces les plus fréquentes ne peuvent avoir de caractéristiques simples que si l'on fait rentrer ce minéral dans le type Diopside. On a en effet :

$$(10\bar{1}1)\,(0\bar{1}11) = 82°\,23'$$
$$(01\bar{1}2)\,(1\bar{1}02) = 110°\,58'$$
$$(20\bar{2}1)\,(0\bar{2}21) = 67°\,12'$$

Dioptase : 0,53417. — Mais les cristaux se maclent suivant

les faces du rhomboèdre (01$\bar{1}$1), dont le dièdre est de 125° 55'.
Si donc on veut homologuer le rhomboèdre au rhomboèdre
(01$\bar{1}$3), dont l'angle est 127° 50', il faut multiplier le paramètre par 3. On obtient ainsi : 1,60251.

$$(20\bar{2}3)\ (0\bar{2}23) = 95° 27' \text{ au lieu de } 97° 21'$$

Système binaire.

Cristaux d'apparence terbinaire.

Dans ces cristaux, les paramètres seront sensiblement :
$$\sqrt{3} : 1 : \frac{5\sqrt{3}}{4\sqrt{2}},$$
c'est-à-dire à peu près 1,732 : 1 : 1,5309.

Les angles de deux faces symétriques par rapport aux
plans de symétrie réels ou apparents sont donnés dans le
tableau suivant, où les caractéristiques des faces susceptibles d'être des plans de macles ont été soulignés.

Zone parallèle à l'axe des z.

	Angle sur l'axe des y	Angle sur l'axe des x
(110) (1$\bar{1}$0)	120°	60°
(210) (2$\bar{1}$0)	81° 48'	98° 12'
(120) (1$\bar{2}$0)	147° 48'	32° 12'
(310) (3$\bar{1}$0)	60°	120°
(130) (1$\bar{3}$0)	158° 12'	21° 48'
(320) (3$\bar{2}$0)	98° 12'	81° 48'
(230) (2$\bar{3}$0)	137° 54'	42° 6

Zone parallèle à l'axe des y.

	Angle sur l'axe des z	Angle sur l'axe des x
(101) ($\bar{1}$01)	97° 4′	82° 56′
(201) ($\bar{2}$01)	59°	121°
(102) ($\bar{1}$02)	132° 20′	47° 40′
(301) ($\bar{3}$01)	41° 20′	138° 40′
(103) ($\bar{1}$03)	147° 10′	32° 50′
(302) ($\bar{3}$02)	74° 4′	105° 56′
(203) ($\bar{2}$03)	119°	61°
(401) ($\bar{4}$01)	31° 36′	148° 24′
(403) ($\bar{4}$03)	80° 38′	99° 22′
(803) ($\bar{8}$03)	46°	134°

Zone parallèle à l'axe des x.

	Angle sur l'axe des z	Angle sur l'axe des y
(011) (0$\bar{1}$1)	66° 18′	113° 42′
(021) (0$\bar{2}$1)	36° 10′	143° 50′
(012) (0$\bar{1}$2)	104° 8′	75° 52′
(031) (0$\bar{3}$1)	24° 34′	155° 26′
(013) (0$\bar{1}$3)	125° 58′	54° 2′
(032) (0$\bar{3}$2)	47° 4	132° 56′
(023) (0$\bar{2}$3)	88° 50′	91° 10′

Epsomite : 0,9902 : 1 : 0,5709. — Par une permutation on obtient, après avoir multiplié le premier par 3/2 et le dernier par 3 :

$$1{,}72965 : 1 : 1{,}5148.$$

$$(310)\ (3\overline{1}0) = 59°\ 56'\ \text{au lieu de}\ 60°$$
$$(013)\ (0\overline{1}3) = 53°\ 35' \qquad 54°\ 58'$$
$$(201)\ (\overline{2}01) = 59°\ 27' \qquad 59°$$

Enstatite : 1,0308 : 1 : 0,5885. — D'après la discussion exposée au sujet du Diopside, dans la première partie de ce travail, il faut, pour avoir les paramètres réels de la forme primitive, intervertir le premier et le dernier paramètre après avoir multiplié celui-ci par 3 et celui-là par 2/3. On obtient ainsi : 1,7655 : 1 : 1,5462, et pour le réseau 1,7655 : 1 : 1,2462.

Hypersthène : 1,7604 : 1 : 1,5442 et pour le réseau 1,7604 : 1 : 1,2389.

Cristaux binaires proprement dits.

Diopside : 1,09213 : 1 : 0,58932 $zx = 74°\ 10'$. — D'après ce qui a été dit plus haut, si l'on veut conserver ces axes, il faut rationnellement intervertir le premier et le troisième paramètre, et ensuite multiplier le premier par 3 et le dernier par 6. On obtient ainsi :

$$1{,}76796 : 1 : 6{,}55278 \qquad zx = 74°\ 10'$$

Mais il est préférable, pour la comparaison avec les autres pyroxènes, de prendre pour axe des z l'axe pseudo-ternaire du réseau, et on a alors : 1,76796 : 1 : 1,5783 $zx = 90°\ 22'$ et pour le réseau 1,76796 : 1 : 1,2633.

Hornblende : 0,55108 : 1 : 0,29376, $\overline{zx} = 73°\ 58'$. — En multipliant par 2 le premier et le troisième paramètre, on obtient : 1,10216 : 1 : 0,58752, c'est-à-dire les mêmes paramètres que dans le Diopside. Les véritables paramètres de ces axes sont donc : 1,76256 : 1 : 6,61296.

Pour comparer les angles de la Hornblende avec ceux du tableau précédent, il suffit de changer d'axe et, pour obtenir les nouvelles caractéristiques, de se servir de la formule suivante établie à propos des pyroxènes :

$$(qrs) = \left(3s : r. \frac{3s + 6q}{2} \right).$$

$$(013)\,(0\bar{1}3) = 55°\,49' \text{ au lieu de } 54°\,58'$$
$$(403)\,(\bar{4}03) = 99°\,48' \qquad\qquad 99°\,22'$$

Système asymétrique.

Cristaux d'apparence binaire.

Sphène : 0,75467 : 1 : 0,85429, $zx = 60°\,17'$. — Les cristaux se maclent suivant les plans (100), (001), (409).

Or, en multipliant le premier par $\frac{3}{2}$ et le dernier par $\frac{4}{3}$, on obtient : 1,1320 : 1 : 1,13905. Or, dans le type diopside, le rapport de la grande diagonale du rhombe, perpendiculaire à l'axe ternaire, au paramètre de l'axe ternaire est égal à $\frac{4\sqrt{6}}{5\sqrt{3}} = \frac{4}{5}\sqrt{2} = 1,1312$. On voit donc que l'axe considéré comme binaire dans le Sphène est, en réalité, un axe quasi ternaire du réseau, et les deux autres axes de coordonnées sont deux grandes diagonales perpendiculaires à cet axe ternaire.

Si l'on remplace l'une d'elles par la rangée sensiblement

perpendiculaire sur l'autre, on obtient pour caractéristiques des plans de macles (100); $(3\overline{1}0)$, (310).

Il est facile de voir que la maille du réseau est un prisme sensiblement monoclinique ayant pour dièdres 89° 59, 89° 59 et 89° 44.

BIBLIOTHÈQUE NATIONALE
R. F.
IMPRIMÉS.

Tours. — Imprimerie DESLIS FRÈRES.

www.ingramcontent.com/pod-product-compliance
Ingram Content Group UK Ltd.
Pitfield, Milton Keynes, MK11 3LW, UK
UKHW022247120726
13694UKWH00003B/991